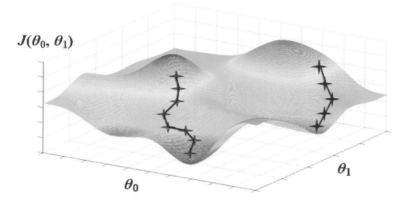

图2.8 非凸函数$J(\theta_0,\theta_1)$梯度下降

RGB图像

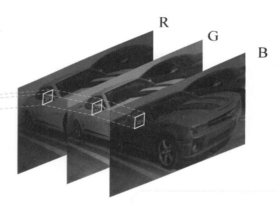

RGB矩阵

(a) RGB图像拆分成RGB矩阵

灰度图像

灰度矩阵

(b) 灰度图像拆分成灰度矩阵

图4.1 RGB图像和灰度图像示例

（a）RGB图像

（b）灰度图像

（c）二值图像

图4.2　RGB图像、灰度图像和二值图像对比

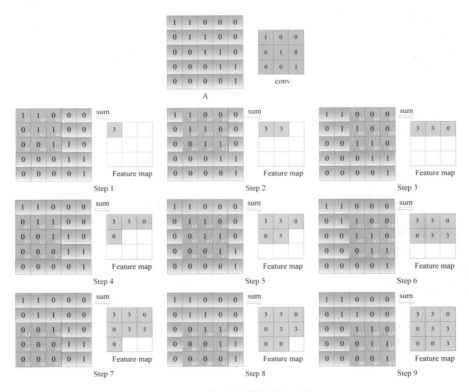

图4.3　图像卷积操作执行过程

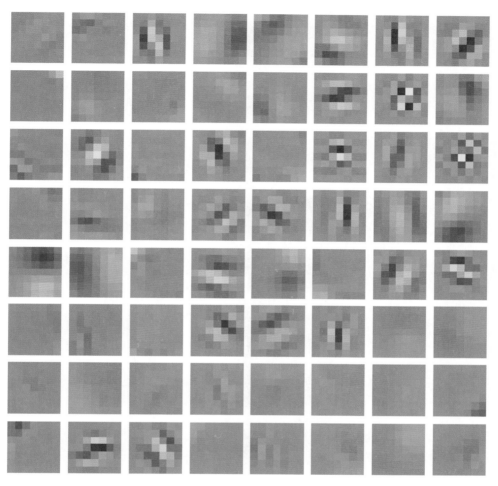

图4.26　第一卷积层权值的图形显示

图4.30　图像分割算法的分割结果

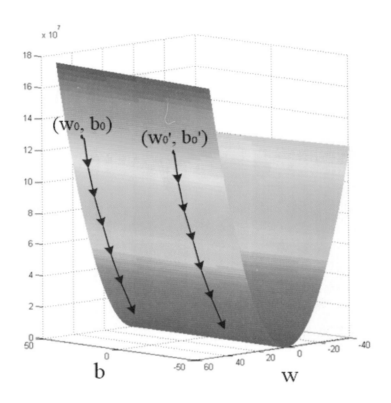

图5.2　初始值对最优解的影响

DEEP LEARNING
GETTING STARTED AND PRACTICE

深度学习
入门与实践

龙 飞　王永兴◎著

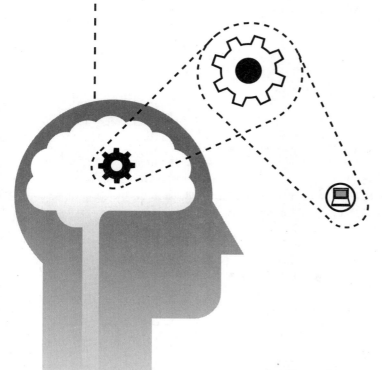

清华大学出版社
北京

内 容 简 介

本书由一线资深技术专家撰写，凝结了其自身多年的实践经验，阐述了深度学习的发展历程、相关概念和工作原理，介绍了两个当前流行的深度学习工具：Caffe和TensorFlow，并且初步探讨了强化学习的基本原理和应用。为了帮助初学者快速上手，本书注重从总体框架和脉络上把握深度学习技术，同时在阐述原理时配以简单的实例供读者印证。

本书语言生动风趣，以通俗的语言讲述复杂的原理，循循善诱，深入浅出，适合有志于从事人工智能、深度学习相关研究的信息类专业的高年级本科生或研究生阅读，也可供业界准备或正在从事深度学习、机器视觉等相关研发工作的工程技术人员参考。

图书在版编目(CIP)数据

深度学习：入门与实践 / 龙飞，王永兴著. — 北京：清华大学出版社，2017（2018.2重印）
ISBN 978-7-302-48278-9

Ⅰ.①深…　Ⅱ.①龙…　②王…　Ⅲ.①机器学习　Ⅳ.①TP181

中国版本图书馆 CIP 数据核字（2017）第 210159 号

责任编辑：秦　健
封面设计：李召霞
责任校对：胡伟民
责任印制：宋　林

出版发行：清华大学出版社
网　　　址：http://www.tup.com.cn，http://www.wqbook.com
地　　　址：北京清华大学学研大厦 A 座　　　　　　邮　　编：100084
社 总 机：010-62770175　　　　　　　　　　　　　邮　　购：010-62786544
投稿与读者服务：010-62776969，c-service@tup.tsinghua.edu.cn
质 量 反 馈：010-62772015，zhiliang@tup.tsinghua.edu.cn
印 装 者：北京鑫海金澳胶印有限公司
经　　销：全国新华书店
开　　本：186mm×240mm　　　印　　张：13　　　字　　数：305 千字
版　　次：2017 年 10 月第 1 版　　　印　　次：2018 年 2 月第 2 次印刷
印　　数：3001～5000
定　　价：49.00 元

产品编号：075733-01

序言一

　　深度学习是机器学习的一个重要分支,机器学习在近四十年来发生了巨大的变化:从20世纪80年代符号学习的盛行到90年代统计学习一统天下,再到近年来深度学习的出现。对比机器学习的发展历程,深度学习只是机器学习中一个新兴的课题。由于计算能力的发展和大数据的支持,深度学习取得了突破性的进展,被广泛应用于图像语音、视频和自然语言等各个领域。

　　深度学习能够受到如此广泛的关注,原因有四:第一,深度学习是目前所知的计算系统中与人脑的结构和行为最相近的;第二,深度学习从统计和计算角度非常适合大数据;第三,深度学习是当前唯一强调端到端的学习系统;第四,深度学习框架灵活,具有很好的可扩展性,可以很容易地描述各种不同的人工智能问题。

　　2016年AlphaGo战胜围棋世界冠军李世乭是深度学习的一个爆点,深度学习自此从学术界的一个研究课题成了大众口中的热议词汇。全球各大科技公司的追捧和资金的大量流入使得越来越多的工程技术人员和学者投入到相关的研究和实践中来。然而,由于深度学习似乎流行得太过迅速,2016年出版的深度学习类书籍还非常之少。初学者想要了解深度学习就必须从网络上的各种技术文章和教程中自行提炼,或者从学术会议的论文中了解。这个过程对于初学者来说是漫长而艰辛的。

　　时至今日虽然有一些关于深度学习的书籍出版,但是真正适合初学者的并不多。这些书籍或者只是关注于深度学习的某个工具,或者太过理论。这对于初学者全面把握深度学习技术的来龙去脉并快速上手并不十分合适。本书的出现填补了这个空白,该书以通俗易懂的语言阐明了深度学习相关的概念及其之间的关系,总体上把握了深度学习的脉络。通过实例来讲概念,尽量避免枯燥的公式推导,是这本书的特色,这使得本书做到了理论和实践的较好统一。值得称道的是，该书语言生动，初学者读来会毫无距离感，没有教科书式的说教，是初学者入门的良好读物。

中国工程院院士

2017 年 3 月

序言二

2006 年以来,机器学习领域的一个重要课题——"深度学习"受到了学术界和业界的广泛关注。2013 年,《麻省理工学院技术评论》杂志将深度学习列为年度十大突破性技术之首。2016 年,基于深度学习技术的 AlphaGo 围棋程序战胜了世界顶尖棋手李世乭。深度学习自问世以来,取得了一系列辉煌的成绩,造就了人工智能领域一个又一个的奇迹。

具体而言,深度学习技术在语音识别、图像识别、自然语言处理和搜索广告预估等领域都取得了惊人的进展。缘其如此,谷歌、微软、百度等全球著名的高科技公司争相投入资源,占领深度学习的技术制高点。各大公司以深度学习为主要研究方向的研究院所纷纷成立,大量技术人员涉足深度学习领域,大量以深度学习为核心技术的创业公司涌现。可以想象在不久的未来,以深度学习为代表的人工智能技术将渗入人们生活的方方面面,像水、电、气等基础资源一样与人们的生活息息相关;在智能家居、自动驾驶等领域也将大显身手,并逐步完成从云端到终端的转化。

本书是一本深度学习的入门读物。该书对深度学习的由来、基本原理概念等娓娓道来,深入浅出,条理清晰,读来毫无枯燥之感。同时,在每章原理阐释结束后都配以简单、易上手且生动、有趣的实例,这使得对深度学习毫无基础的技术人员也能够很快入手,从而培养起对深度学习的兴趣。对初学者来说,最好的学习路径并不是在全面系统地掌握某项技术之后再进行实践,而是在了解基本原理后迅速以简单的实例进行验证,然后边干边学,快速迭代。这本书恰好给初学者提供了这样的机会,我想这也是本书作者的写作初衷吧。

最后需要提醒读者的是,深度学习虽然在最近取得了很大的成绩,但并非"万能灵药",需要理性地看待深度学习的成功。国内一些学者已经指出,深度学习在理论和技术上创新有限,其成功很大一部分依靠的是硬件计算能力的提升和由此带来的在工程上的突破性进

展。读者可借由深度学习技术而扩展至整个机器学习、人工智能领域，进入一片更广阔的
天地。

国家千人计划特聘专家

地平线机器人创始人兼首席执行官

2017 年 3 月

前　言

　　中国工程院院士、互联网专家邬贺铨在移动互联网国际研讨会（IMIC2014）上指出，互联网已经进入"大智移云"（大数据、智能化、移动互联网和云计算）时代。近两年来，"大智移云"得到了蓬勃发展。其中，大数据、人工智能联系紧密，受到了业界和学术界越来越多的关注。中国科学院张钹院士在第十七届中国国际高新技术成果交易会的"深度学习与人工智能"院士论坛上表示，大数据给人工智能带来了新的发展机遇，即深度学习。

　　深度学习其实并不神秘，小到微信中语音转文字、"扫一扫"中的封面识别和翻译，大到打败世界顶尖棋手李世乭的谷歌围棋人工智能程序 AlphaGo，都有深度学习的身影。随着技术的进步，相信深度学习将会深入人们的生活中，得到越来越广泛的应用。

　　本书是一种关于深度学习的入门读物，面向的是希望了解深度学习技术的高年级理工科本科生和研究生，还有业界对深度学习感兴趣的技术人士。为了能让深度学习零基础的技术人员快速上手，笔者力求按照初学者的学习历程来组织本书内容。对于初学者来说，如何才能以最快的速度了解一门技术并产生兴趣？笔者以为需要做到三点：首先需要对技术的基本原理有透彻的了解；其次需要对技术的总体框架和脉络有所掌握；再次需要有容易上手的实例以供实践。最终达到理论与实践的结合，具体原理与知识整体框架的统一。

　　有鉴于此，本书比较注重对深度学习基本原理的阐释，对深度学习及其所属的机器学习的框架性内容的探讨，还有笔者所参与的项目的实例分享。希望按照笔者的理解，将深度学习的原理、框架和实践分享给对深度学习感兴趣的人士。由于深度学习是机器学习的一个领域，为了体系的完整性，本书会介绍一些机器学习的基本知识，并由此引出深度学习的内容。

　　全书分为四大部分：第一部分介绍机器学习的基础知识；第二部分介绍深度学习的原理；第三部分介绍当前热门的深度学习工具 Caffe 和 Tensorflow；第四部分介绍强化学习

基本原理和人工智能围棋程序 AlphaGo 的架构。每部分都会配有可实现之实例以供印证所述原理。本书主要参考了南京大学周志华教授的《机器学习》，Andrew Ng（吴恩达）的 UFLDL 和 Coursera 机器学习课程，微软 Li Deng 和 Dong Yu 的 *Deep Learning：Methods and Applications*，Michael Nielsen 的 *Neural Networks and Deep Learning* 等资料。这些资料充分体现了机器学习领域的诸位前辈高人们深厚的学养和高超的技艺，对笔者启发颇多，借此机会向吴恩达教授等前辈高人致敬！

　　深度学习的发展非常迅速，国内外巨头科技公司都不惜重金对此投入，故技术更新极快。而笔者对本领域初窥门径，水平有限，加之成书时间仓促，欠妥之处在所难免，读者朋友们若不吝相告，则不胜感激。

　　本书中涉及的所有代码、图片文件和数据集等都上传至百度云盘：

http://pan.baidu.com/share/init?shareid=258036058&uk=2051007731

密码：z7id，读者可自行下载，以供实验之用。

作者

2017 年 3 月

目　录

第1章
绪 论

逖与司空刘琨俱为司州主簿,情好绸缪,共被同寝。中夜闻荒鸡鸣,蹴琨觉曰:"此非恶声也。"因起舞。

——《晋书·祖逖列传》

🎁 1.1 引言

以上这段文言文讲的是一个大家耳熟能详的劝学故事——闻鸡起舞。关于学习,古圣先贤们的故事还有很多,"悬梁刺股""凿壁偷光""囊萤映雪"等,这些故事激励着一代代学子。关于学习的目的,相信每个人心中都有自己的考量,也不在本书讨论范围之内。但本书既然名为深度学习,对学习的本质务须细细思量。什么是学习呢?我们从小到大都在不断地学习中,学习为人处世,学习专业知识,学习生活技巧,学习职业技能。仔细回想一下就会知道,学习的本质其实是从已知的经验中推测未知的事物,或者获得处理类似事件的能力。已知的经验可能是书本的知识,也可能是亲身的实践。

计算机自发明以来,帮助人类完成了很多重复性的劳动。人类通过程序命令计算机完成特定的任务。给定一个输入,就会有相应的输出。有点类似于中国古代的机关术,碰了某个机关,就会触发箭雨或者钉板。按理说,能做到这样已经很了不起了。但是人类的需求是没有止境的,当计算机可以按程序完成特定的任务后,人类对其有了新的要求,能不能像人类一样,不按照给定的程序,而自行根据习得的经验而行动呢?

答案是可以的,机器学习就是研究此类问题的学科。先看看机器学习的定义。维基百科中给出了两位人工智能领域的前辈高人对机器学习(Machine Learning)的定义。

Arthur Samuel：Machine learning is a field of study that gives computers the ability to learn without being explicitly programmed.

Tom Mitchell：A computer program is said to learn from experience E with respect to some class of tasks T and performance measure P, if its performance at tasks in T, as measured by P, improves with experience E.

可见，Samuel 给出了一个比较直观的定义，机器学习就是研究如何让计算机在不被明确地编程的情况下具有学习能力。这就不是机关术那么简单，而是具有类人的智能了。Mitchell 的定义比较正式，因而得到了广泛引用。但这段英文实在是佶屈聱牙，有点像英文绕口令。其实不必担心，这段定义里有三个重要的概念，分别是经验 E、任务 T 和性能指标 P。如果一个计算机程序能够通过经验 E 改进其在任务 T 上的性能指标 P，则称其具有学习能力。这是一个非常重要的定义，定义了机器学习的一个通用模型。从后文中可以看到，经验 E、任务 T 和性能指标 P 贯穿机器学习的始终，在求解机器学习问题时都有着明确的数学表示。

Mitchell 的定义对于初学者来说依然比较难以理解。其实可以参考人类学习的过程，经验 E 就是从大量历史数据中总结出的规律，任务 T 一般为对新事物的识别和新形势的预测，P 当然指的就是识别和预测的准确率。古谚"老马识途"比喻的是阅历丰富的人对事物的走向把握得比较准确，也就是因为其"历史数据"很多，从而能够总结出比较客观的规律而已。

那么深度学习又是什么呢？关于深度学习的定义有很多，但有一点是肯定的，那就是深度学习是机器学习的一个子域（sub-field）或分支（branch）。深度学习兴起于 2006 年，也被称为深度结构化学习（deep structured learning）、层次化学习（hierarchical learning）或深度机器学习（deep machine learning）[1,2]。虽然学术界尚无对深度学习的统一定义，在此可以提供几个权威的定义供读者参考。

定义 1 深度学习方法是多层表示的表示学习方法，多层表示由一个从低到高的非线性简单模块网络获得；每个模块将表示从一个层次（起始于原始输入）转化至另一个更高的、更抽象的层次[3]。

定义 2 深度学习是机器学习的一个分支，基于一个尝试使用多复杂结构处理层或多非线性变化来模型化高层次抽象的算法集[4]。

定义 3 深度学习是一类机器学习算法：

- 使用多层非线性处理单元级联来进行特征抽取和转换。每个后续层使用之前层的输出作为输入。算法可能是监督的或非监督的,应用包括模式分析(非监督)和分类(监督)。

- 是基于多层数据特征或表示的(非监督)学习。高层特征来自低层特征以形成层级表示。

- 是更广的机器学习领域中的数据表示学习部分。

- 学习对应于不同层抽象的多层表示,不同层组成了概念的不同层级。

以上定义有两个共同点:(1)多层非线性处理单元;(2)每层中的监督或非监督特征表示学习,各层组成从低层特征到高层特征的层次结构。

定义 4 深度学习是机器学习中的一个算法集,在多个层次上进行学习,对应不同层次的抽象。通常使用人工神经网络。学习的统计模型中不同的层次对应不同层次的概念,高层次的概念由低层次的概念定义,相同低层次的概念可帮助定义许多高层次的概念。

第一个定义是机器学习界的大神 Hinton 在其发表于 *Nature* 上的文章"Deep learning"中给出的定义,第二和第三个定义是维基百科给出的定义,第四个定义出自 Li Deng 的 *Deep Learning Methods and Applications* 一书。这是四个足以令初学者失去继续学习勇气的定义。不过没关系,随着后面对例子的讲解,读者会对深度学习有一个直观的认识,那时再回过头来看看上述定义,就会有所理解。在此之前,只需要知道两点就足够了:(1)深度学习是机器学习的一种;(2)深度学习使用深度神经网络为主要工具,这也是其得名的原因。

1.2 基本概念

在有关深度学习的文献阅读中,经常会遇到一些术语和概念。对于初学者来说,快速入门的方法莫过于对其中某些关键概念的掌握。把握整个领域的知识架构,提纲挈领地学习,避免陷入只见树木,不见森林的困境。本节意在以浅显而非专业化的语言描述机器学习、深度学习中一些关键的概念，梳理整个领域的知识架构，为进一步了解深度学习的原理和应用做好铺垫。

首先从一些基本的概念说起。随着人工智能领域在近些年的火爆，科技工作者的微信朋友圈经常被人工智能相关的新闻和技术帖刷屏。人工智能、机器学习、深度学习等名词成了圈内的高频词汇。这些概念都是什么意思，又有什么关系呢？

蒙特利尔大学深度学习大神 Yoshua Bengio 在其即将于 MIT 出版社出版的 *Deep learning*[6] 一书中对这些概念进行了阐述，借用其文氏图表示这些概念的关系如图 1.1 所示。

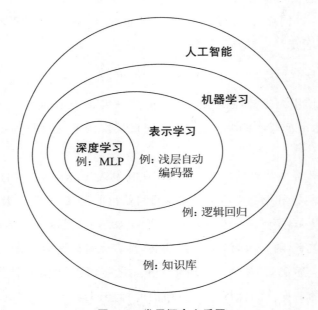

图 1.1　常用概念文氏图

如图 1.1 所示，深度学习只是表示学习的一类，表示学习又是机器学习的一种，人工智能多使用机器学习的方法，但机器学习并不是人工智能的全部。在每一类中有一个常见的例子，如 MLP、浅层自动编码器、逻辑回归等，这些例子都将在后面予以介绍。

人工智能是机器或软件展示出的智能，也是研究如何让计算机或计算机软件有智能行为的一个学术领域（来自维基百科）。人工智能主要研究的是如何模拟和扩展人类的智能。2001 年斯皮尔伯格的电影《人工智能》让这个概念走进公众的视线。人工智能所涉及的范围甚广，互联网领域主要的影音图文技术中都有人工智能的影子，如自然语言处理、图像识别、语音识别等。

机器学习的概念前面已经介绍过,机器学习其实是人工智能发展到一定阶段的产物。早期的人工智能主要模拟的是人类的知识和推理能力。这一时期人工智能的代表产物是专家系统,专家系统的主要构成部分为知识库和推理机。**知识库**主要存放专家提供的知识,其中存放的知识都是机器可以理解的形式,如产生式、框架和语义网络等。最容易理解的是产生式规则,多以 if…then… 的形式出现,如极类编程语言中的条件语句。推理机则针对当前问题反复匹配知识库中的规则,获得新结论以求得问题的解。专家系统的瓶颈在于,相比于浩如烟海的人类知识,知识库的表示能力有限,而有些知识也很难表示。于是,由机器自主学习的机器学习技术应运而生。

机器学习具有从已有的经验中自行学习的能力。已有的经验指的是一类同类型的数据,这些数据称为样例。当前机器学习被研究最多的即这种从样例中学习的模式。

表示学习(representation learning)又称特征学习(feature learning),指的一套学习特征的技术,即将原始数据转化为一个可被机器学习任务高效利用的表示(来自维基百科)。表示学习不包括人工的特征工程,它使得机器或使用特征在特定的任务中学习,或学习特征本身:学习如何学习。表示学习的概念很抽象,但是掌握了自动编码器的原理后,其实也很好理解。

依图 1.1 所示,**深度学习**其实是机器学习领域中一个很小的方向,事实也是如此。其概念前面已述,简单地将深度学习理解为多层神经网络也没有问题。深度学习的工程意义远大于理论意义,缘其虽缺乏严格的理论基础,却在工程实践中得到广泛应用,特别是在语音、图像等处理技术中。

以上就是与深度学习相关的概念体系。仅仅了解以上概念显然是不够的,在相关文献中还经常会出现回归、分类、聚类;监督学习、非监督学习;感知机、神经网络等术语。这些术语是什么意思,相互之间又有什么关系呢?

通过文献调研发现,大多数目前研究的机器学习问题可以归结为回归、分类和聚类问题。主要使用监督学习、非监督学习、半监督学习和强化学习这几种学习方式。而感知机和神经网络是深度学习中的重要工具。下面对以上概念逐个解释。

由于机器学习是从已有的数据中寻找规律,因此接下来以二维空间中的数据点为例来阐释这几个概念。需要注意的是,以下为阐述原理所用,并非这些概念的正式定义。

1.2.1 回归、分类、聚类

1. 回归

给定一组数据点 $(x^{(1)}, y^{(1)}), \cdots, (x^{(n)}, y^{(n)})$,如图 1.2(a)所示,此处 $n=7$,根据这些数据点研究 x、y 之间关系的分析方法就是**回归**。如果以一个线性函数 $y=wx+b$ 来描述两者之间的关系,则称为**线性回归**,如图 1.2(b)所示。给定一组数据点 $(x^{(1)}, y^{(1)}), \cdots, (x^{(n)}, y^{(m)})$,如图 1.2(c)所示,如果以一个逻辑函数来描述两者之间的关系,则称为**逻辑回归**。1.2(c)中所给的 y 是一个二分类变量,因为逻辑回归经常被用于分类问题。一般 x 为自变量,y 为因变量。当然,实际应用中自变量的个数可能不止一个。

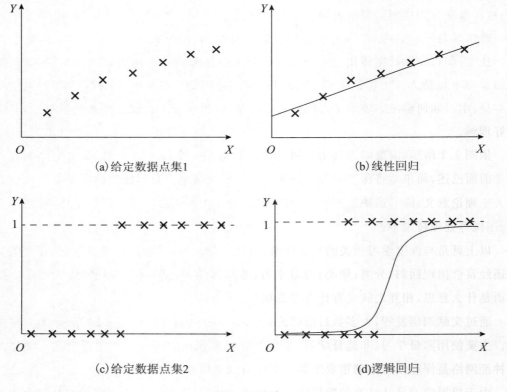

图 1.2 回归

2. 分类

给定两组数据点：组 A 为 $(x^{(1)},y^{(1)}),\cdots,(x^{(n)},y^{(n)})$，标记为圆圈；组 B 为 $(x'^{(1)},y'^{(1)}),\cdots,(x'^{(m)},y'^{(m)})$，标记为叉号，如图 1.3 所示。如何选取一个函数将两组数据区分开来，使得后续的数据点明确地知道自己属于哪组，这就是分类问题。

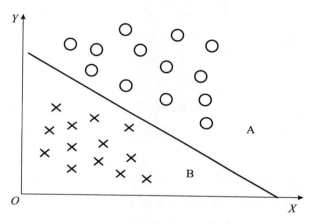

图 1.3 分类问题

3. 聚类

给定一组数据点 $(x^{(1)},y^{(1)}),\cdots,(x^{(n)},y^{(n)})$，如图 1.4 所示。如何将这些数据点按照一定的度量划分为若干个簇。这就是聚类问题。

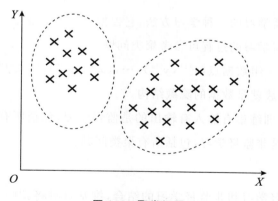

图 1.4 聚类问题

由图 1.4 可以看出，聚类与分类问题的区别在于，聚类所要划分的类是未知的，而且聚类的数据并无"标记"(如叉号、圆圈等)。关于这个问题,后续章节还会讨论。

1.2.2 监督学习、非监督学习、半监督学习、强化学习

1. 监督学习

监督学习是机器学习的一种学习方法,它根据有标签的数据来推测输入到输出的函数。什么叫有标签的数据,监督学习的过程又是怎样的呢? 从分类和回归问题中可以找到答案。

回归问题中,给定一组数据$(x^{(1)},y^{(1)}),\cdots,(x^{(n)},y^{(n)})$,$X$为输入,$Y$为输出,$(x^{(i)},y^{(i)})$为数据组中的点,也即$x^{(i)}$为输入,$y^{(i)}$为期望输出。根据所有给出的数据点来推测输入$X$和输出$Y$函数关系的过程就是监督学习。期望输出$y^{(i)}$就是给定数据的标签,$(X,Y)$就是有标签的数据。

分类问题中,给定两组数据点A和B,数据点的坐标(x,y)为输入,所属的类别C为期望输出,$C=\{A,B\}$,$c \in C$。根据所有给出的数据点来推测输入(x,y)和输出c函数关系的过程就是监督学习。期望输出c就是给定数据的标签,(x,y,c)就是有标签的数据。

机器学习是模仿人类学习的过程,监督学习的过程就是拿一系列数据"训练"机器,让机器找出输入输出之间的对应关系,因此以上两个问题给出的数据称为"训练数据",其中每个数据称为一个"训练样本",训练样本的集合称为"训练集"。

2. 非监督学习

非监督学习是机器学习的一种学习方法,它根据无标签的数据来推测一个描述数据隐藏结构的函数。非监督学习的过程可参考聚类问题。

聚类问题中,给定一组数据点$(x^{(1)},y^{(1)}),\cdots,(x^{(n)},y^{(n)})$,需按照一定的度量将数据点划分为若干个簇,这些簇就是数据的隐藏结构。

从表现形式上看,训练集有输入有输出的是监督学习,包括所有回归和分类问题。训练集有输入无输出的是非监督学习,包括所有聚类问题。

3. 半监督学习

半监督学习是监督学习和非监督学习的结合,维基百科将其归入监督学习中,半监督学习使用小部分有标签数据和大量的无标签数据。研究者发现,大量的无标签数据辅以少量的标签数据可显著地提升学习的准确率。

4. 强化学习

强化学习产生于行为心理学,主要研究可感知环境的代理,如何通过学习来选择可达到某一目标的最优动作。鼎鼎大名的 AlphaGo 使用的就是强化学习方法。简单来说,在对局时,训练者在游戏胜利时给出正回报,在失败时给出负回报,其余情况为零回报。机器的任务是依据这些回报,选择后续动作,以使得回报最大。由于强化学习问题具有普遍性,因此在博弈论、控制理论、运筹学、信息理论、群智能等领域有着广泛应用。

1.2.3 感知机、神经网络

感知机(Perception)和神经网络(Neural network)在后续的章节中会详细介绍,此处只是对这两个概念进行简要介绍。

1. 感知机

感知机如图 1.5 所示。

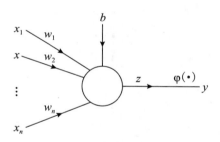

图 1.5 感知机模型

感知机其实就是一个输入输出模块。$(x_1, \cdots, x_n)$ 为输入,y 为输出,$(w_1, \cdots, w_n)$ 为相应的权值,b 为偏置,$z = w_1 x_1 + w_2 x_2 + \cdots + w_n x_n + b$,$\varphi(\cdot)$ 为激活函数,有 $y = \varphi()$。激活函数可选取阈值函数,即

$$\varphi(z) = \begin{cases} 1, z \geqslant 0 \\ 0, z < 0 \end{cases}$$

当 $n=2$ 时,易见二维空间的点 (x_1, x_2) 被直线划分为两类。如图 1.6 所示,若 (x_1, x_2) 使得 $w_1 x_1 + w_2 x_2 + b \geqslant 0$,则落在分界线上方,输出 $y=1$;否则落在分界线下方,输出 $y=0$。事实上,感知机是最早的监督学习算法之一,是神经网络的基本组成单元(也称神经元)。但是由于其只能学习线性可分函数,因此后来人们将多个感知机层级相连,这就是深度学

习的重要工具——神经网络。

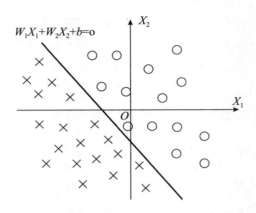

图 1.6　感知机完成分类

2. 神经网络

前面提到,神经网络是多感知机的层级相连,可解决单感知机只能学习线性可分函数的问题。神经网络的名称来源于人脑的神经网络系统,人脑的灰质中紧密压缩着数以百亿的神经元,这些神经元层级相连,是人类认知和学习的主要工具,可以完成模式识别、记忆、归纳推理等功能。神经网络就是模拟人脑神经网络的工作原理构建的,故正式称谓应该叫**人工神经网络**(artificial neural network)。此处不详述神经网络的原理,只让大家对神经网络有一个感性的认识。神经网络由输入层、隐藏层和输出层神经元组成,每层的神经元与下一层神经元全连接,同层和跨层的神经元无连接,每个层神经元的输出是下一层神经元的输入,如图 1.7 所示。

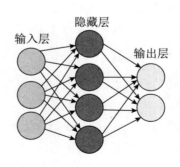

图 1.7　人工神经网络模型

回想感知机可以对线性可分的数据进行分类,直观上感觉,神经网络是级联的感知机,自然也可以对数据进行分类。分类问题确实是神经网络可以解决的一类重要问题,但实际上神经网络的用途要广泛得多。

1.3 发展历程

由图 1.1 的文氏图可知,深度学习只是机器学习很小的一个子集,是机器学习发展到一定阶段的产物。相比机器学习 60 多年的发展历史,只有近十年历史的深度学习只能算新兴技术。

按照 Samuel 对机器学习的定义,机器学习肇始于 20 世纪 50 年代,标志性事件恰是 Samuel 发明的跳棋程序。Samuel 在 1952 年开发出了第一款西洋棋程序,此程序在 1956 年战胜了康涅狄格州的西洋跳棋冠军,并在 1962 年战胜了美国最著名的西洋跳棋选手 Nealey。Samuel 因此被称为"机器学习之父"和计算机游戏的先驱。

人工智能发展至今天,主要分为三大学派:符号主义(symbolicism)、连接主义(connectionism)和行为主义(actionism)。以神经网络为主要手段的深度学习恰恰属于连接主义。故此着重叙述一下连接主义的发展历程。

1958 年,Frank Rosenblatt 首次提出了感知机理论。前面已经提到,感知机是构成神经网络的基本单元,也可认为感知机就是一种特殊的神经网络,由于感知机是最早被设计实现的人工神经网络,因此它在人工神经网络的发展史上有着非常重要的地位。感知机的发明掀起了人工神经网络研究的一个高潮。

1969 年,同为人工智能创始人的图灵奖得主 Marvin Minsky(马文·明斯基)和 Seymour Papert 出版了 *Perception* 一书,书中指出感知机有很大的局限性,只能处理线性分类,甚至不能解决异或(XOR)这样简单的逻辑运算。由于 Minsky 在人工智能领域的地位崇高,在其论著出版后美国联邦基金 15 年之久没有资助神经网络方面的研究,神经网络研究全面陷入低谷。

1983 年,美国加州理工学院的生物物理学家 John Hopfield 利用神经网络成功求解 NP 难题旅行商问题(Traveling Salesman Problem,TSP),引起巨大反响,使得神经网络研究开始复苏。1986 年,David Rumelhart 和 James McClelland 提出了著名的 BP 算法,即反向传播（Back Propagation，BP）算法，给出了神经网络权值调整的有效算法，并解决了 *Perception* 一书中证明的神经网络局限性的问题，给神经网络带来了新的希望。其实早在 1974 年，哈佛大学 Werbos 在其博士论文中就证明了在神经网络中增加一层，并利用反向传播即可解决异或（XOR）问题，但时值神经网络研究的低谷，此文并未引起重视。此时的人工神经网络也被称为多层感知机（multi－layer perception），实际只含一层隐藏层节点。

1995 年，Corinna Cortes 和 Vladimir Vapnik 首次提出了支持向量机（Support Vector Machine，SVM）。SVM 与神经网络分属不同的学派，是基于统计学习的，但与连接主义有着密切的联系，基本可看成是有一层隐藏层节点的神经网络。

按照神经网络层数划分，以上方法都归属于浅层学习。2006 年，Hinton 在 *Science* 上发表文章指出：

（1）多层神经网络模型有优异的特征学习能力，深度学习模型习得的数据特征对原数据有更本质的描述，更有利于可视化和分类。

（2）对深度神经网络参数训练难以达到最优的问题，可通过逐层预训练的方法有效解决。Hinton 的文章开启了深度学习在工业和学术界应用的新浪潮。

2010 年，深度学习项目首次获得了美国国防部先进项目研究局（DARPA）的资助，参与方有 NEC 研究院、纽约大学和斯坦福大学。

2011 年，谷歌与微软研究院采用深度学习技术将语音识别的错误率降低 20%～30%。

2012 年，Hinton 的博士生 Alex Krizhevsky 将深度学习技术应用于图像识别，一举在 ImageNet 大规模图像识别挑战赛中夺魁。同年，Andrew Ng（吴恩达）和一众人工智能大牛在 Google X 实验室搭建了一个含有 16 000 个处理器的超大规模神经网络，以大量随机视频训练后，系统可自动识别猫的图像。

语音、图像和自然语言处理是深度学习应用最广泛的三个领域。目前深度学习技术还在不断地推进这些领域的技术发展。

▣ 1.4　相关学者与会议或赛事

提到深度学习和机器学习，就不得不提一下那些前辈大师和重要的学术会议。

1. 相关学者

先从机器学习之父 Arthur Samuel 说起。

Arthur Samuel，1901 年出生于美国堪萨斯州。1926 年 MIT 硕士毕业后，于 1928 年加入贝尔实验室。第二次世界大战期间，主要负责改进雷达性能，他是全双工天线的发明者。1949 年，Samuel 加入 IBM，这期间他开发了世界上第一款弈棋程序。本来只是想写个程序陪他下棋，可是由于电脑只知道规则而不知道策略，所以总是输给 Samuel，于是他又写了个程序，在对方走子后计算获胜或失败的概率。经过反复的训练后，电脑收集了足够多的数据，大大提高了预测的准确率。最终，该弈棋程序击败了 Samuel，随后又接连击败了康涅狄格州和全美的跳棋高手，声名大噪，Samuel 也由此成为机器学习之父。值得一提的是，Samuel 在 1966 年加入斯坦福之后，与 Donald Knuth 一起开发 TeX（相信很多理工科研究生都用过 LaTex 撰写科技论文），88 岁高龄仍然笔耕不辍（写程序）。

Frank Rosenblatt，1928 年出生于美国纽约州。布朗克斯科学高级中学（该高中极其厉害，出过八位诺贝尔奖、六位普利策奖和一位图灵奖得主）毕业以后，分别于 1950 年和 1956 年获得了康奈尔大学的学士和博士学位。随后加入位于布法罗的康奈尔航天实验室，成为一名资深心理学家和感知系统部主任。也正是在此期间，Rosenblatt 在一台 IBM 704 上实现了最初的感知机模型。感知机可以完成一些简单的视觉处理任务，还可以进行线性可分模式识别。Rosenblatt 将其成果发表于一系列论文并集结成书——《神经动力学原理：感知机和大脑机制的理论》。感知机的发明使得 Rosenblatt 获得了国际的广泛关注，《纽约时报》头版头条报道了此事，美国国防部和海军也开始资助 Rosenblatt 的研究。许多学者对感知机寄予厚望，希望其能够模拟人脑的工作。可惜好景不长，1969 年 Marvin Minsky 著书指出感知机的局限性，沉痛打击了感知机的研究，政府资助机构纷纷停止了对神经网络研究的支持。Rosenblatt 本人也于 1971 年 43 岁生日那天划船溺水，不幸离世。

虽然 Rosenblatt 过早的离世使得他未能亲见神经网络研究的复兴，但是其作为神经网络奠基人的地位是无可撼动的。国际电气与电子工程师学会（Institute of Electrical and Electronics Engineers，IEEE）于 2004 年设立了以 Rosenblatt 名字命名的奖项（IEEE Rosenblatt award），以纪念其在神经网络领域的杰出贡献。

Marvin Minsky，1927 年出生于纽约市。Rosenblatt 在布朗克斯科学高中的师兄，比 Rosenblatt 高一级。高中毕业后分别于 1950 年和 1954 年获得了哈佛大学的数学学士和普林斯顿大学的博士学位，并于 1951 年发明了第一个神经网络学习机，称为 SNARC。博士毕业后 Minsky 留校任教,并与 McCarthy(Lisp 语言的发明者)和 Shannon 一起发起并组织了被后世称为人工智能起点的"达特茅斯会议"。随后于 1958 年加入 MIT 直至病逝。1959 年,Minsky 和 McCarthy 建立了现在被称为 MIT 计算机科学与人工智能实验室的人工智能研究小组。1969 年 Minsky 著书 *Perception* 指出感知机的局限性,直接导致了人工智能的 20 年寒冬。Minsky 也由早期的连接主义学派(神经网络的支持者)转向符号主义学派。从 1975 年 Minsky 首创框架理论(frame theory)来看,他已经彻底放弃了神经网络的研究。此外,Minsky 开发了世界上最早的机器人 Robot C,他还是虚拟现实技术的最早倡导者之一。

Minsky 是个具有争议的人物,虽然最早提出了人工智能的概念,并于 1969 年获得了图灵奖,但是也一手导致了人工智能的 20 年低迷期,并对自己的师弟 Rosenblatt 多有攻击。Minsky 于 2016 年 1 月辞世,两个月后,基于深度神经网络的 AlphaGo 战胜了世界顶级棋手李世乭。是非功过,只有留待后人评说了。

Geoffrey Hinton,1947 年出生于英国,1970 年于剑桥大学国王学院获得学士学位,1977 年于爱丁堡大学获得博士学位。2006 年在 *Science* 上发表文章"Reducing the Dimensionality of Data with Neural Networks"掀起了深度学习研究的热潮。Hinton 本人则被认为是深度学习之父。2012 年其弟子 Alex Krizhevsky 在 ImageNet 大规模图像识别挑战赛(ILSVRC)中夺魁,在图像分类问题上取得了惊人的成果,将 Top 5 错误率由 26% 大幅降低至 15%。后来 Google 收购了 Hinton 获奖团队组成的公司 DNNResearch。DNNResearch 为谷歌提供了"猫脸识别"的工具包,成就了后来有名的 Google 猫脸识别实验。此外,卷积神经网络(Convolutional Neural Networks,CNN)的发明者 Yann LeCun 也是 Hinton 的弟子。

Yann LeCun,1960 年出生于法国巴黎附近,是 Geoffrey Hinton 的得意门生。1983 年于巴黎高等电子与电工技术工程师学校(ESIEE)获得工程师文凭,1987 年于巴黎第六大学获得计算机科学博士学位。Yann LeCun 在博士期间就提出了神经网络 BP 算法的雏形,博士毕业后赴多伦多大学师从 Hinton 进行博士后研究。1988 年加盟贝尔实验室后,LeCun 收获颇丰,其中就包括下面将要重点介绍的,对神经网络领域有着重要影响的卷积神经网络(CNN)和图变换网络(Graph Transformer Networks),这些算法帮助 20 世纪 90 年代末和 21 世纪初的美国银行业识别了超过 10% 的手写支票。2003 年 LeCun 入纽约大学任教,是计算机科学神经网络方向的银牌教授。在纽约大学,LeCun 的主要研究方向为基于能量模型的监督与非监督学习,计算机视觉中目标识别的特征学习和移动机器人等。2013 年加盟 Facebook,任 Facebook 人工智能实验室主任。

Yoshua Bengio,1964 年出生,分别于 1988 年和 1991 年获得加拿大麦吉尔大学计算机科学硕士学位和博士学位。Bengio 有两年博士后经历,其中一年在 MIT 师从 Michael Jordan(时任 MIT 教授,现任加州大学伯克利分校统计学系和电子工程与计算机系教授,机器学习领域专家,吴恩达的老师,注意不是 20 世纪的那位 NBA 篮球巨星),另一年在贝尔实验室与 Yann LeCun 和 Vladimir Vapnik 共事。他从 1993 年起在加拿大蒙特利尔大学任教,其最具影响力的成果分布于深度学习、循环神经网络、概率学习算法、自然语言处理和流形学习等领域。Yoshua Bengio 是加拿大最具影响力的计算机科学家之一,是若干机器学习和神经网络领域顶级期刊的副编辑。2005 年起,任加拿大高等研究院(Canadian Institute for Advanced Research,CIFAR)高级会士。他是机器学习领域顶级会议神经信息处理系统大会(Conference and Workshop on Neural Information Processing Systems,NIPS)创始人之一,并历任大会程序主席和大会主席。最近,Bengio 将启动一家名为 Element AI 的硅谷式创业孵化器,以帮助蒙特利尔大学和麦吉尔大学催生出的人工智能初创企业。

值得一提的是,在全球各大顶级企业重金聘请人工智能领域学者,一些大学的顶尖教授纷纷离开学术界加盟企业的大潮下,Yoshua Bengio 依然坚持留在学术界。他在接受《金融时报》采访时说到,科技公司挖走了很多人才,造成学术界人才的短缺,他本人更希望为全人类做贡献,而不是为某一公司赚钱。在此,请允许笔者本人向 Yoshua Bengio 致敬。此外,Yoshua Bengio、Yann LeCun 和 Geoffrey Hinton 是学术界较为公认的深度学习三大奠基人,为近些年深度学习的兴起做出了很大贡献。

2. 相关会议或赛事

与深度学习相关的著名国际学术会议和赛事有如下几个。

NIPS 神经信息处理系统大会(Conference and Workshop on Neural Information Processing Systems)是机器学习领域的顶级会议。该会议每年 12 月举行,由 NIPS 基金会主办。文章总体接收率在 20% 左右,其中包含深度学习、计算机视觉、大规模机器学习、学习理论、优化理论、稀疏理论等众多领域的文章。近些年,谷歌、微软、亚马逊、苹果等公司都会参加此会议。除此之外的重要会议还有 ICML、ICASSP 等。

CVPR 是 IEEE Conference on Computer Vision and Pattern Recogonition 的缩写,是由 IEEE 举办的计算机视觉和模式识别领域的顶级会议。在中国计算机学会的国际学术会议排名中，CVPR 为 A 类会议。会议每年举行一次，文章的录用率为 30% 左右。CVPR 文章内容偏工程，每年都有几篇非常实用的文章被广泛应用于工业界。相比之下，另两个计算机视觉界的顶级会议 ICCV 和 ECCV 文章内容则更偏理论一些。会议每两年举行一次。除此之外其他的学术期刊还有 *Neural Networks*、*Neural Computation*、*IEEE Transactions on Neural Networks and Learning Systems* 等。

ImageNet 是全球最大的图像识别数据库。2007 年李飞飞教授与普林斯顿大学的李凯教授合作，发起了 ImageNet 计划。李飞飞生于北京，现为斯坦福大学计算机系终身教授。目前 ImageNet 训练数据集包含 10 000 000 张手工标注的图片和 1000 多个目标类别。ImageNet 每年举行一次 ImageNet 大规模图像识别挑战赛 ILSVRC（ImageNet Large Scale Visual Recognition Challenge），比赛内容包括图像分类、目标定位。截至 2015 年，比赛中最优秀的图像分类算法出错率已经低于 5%，比人类眼睛 5.1% 的出错率还低。ILSVRC 已经成为图像分类领域权威的顶级赛事。

PASCAL VOC 全称是 Pattern Analysis, Statical Modeling and Computational Learning Visual Object Classes。PASCAL VOC 挑战赛是视觉对象的分类识别和检测的一个基准，提供了图像检测算法需要的标准图像注释数据集和标准的评估系统。从 2005 年至今，该组织每年都会提供一系列类别的、带标签的图片，参赛者通过设计各种算法，分析图片内容来将其分类，最终通过准确率、召回率、效率的比较获得成绩。到 2012 年其目标检测数据集已经包含 20 类检测目标。PASCAL VOC 挑战赛和其数据集已经成为图像目标检测领域普遍接受的一种标准。

说明

　　本书中所有的外国人名，除少数家喻户晓的人物外，都直接以英文出现，知名度稍高的配以公认的译名，以方便读者查阅文献。

◼ 1.5　本章小结

　　本章首先介绍了深度学习以及机器学习的定义和名字的由来，阐述了人工智能、机器学习和深度学习之间的关系。简单介绍了与深度学习相关的几组基本概念，如回归、分类、聚类；监督学习、非监督学习、半监督学习、强化学习；感知机、神经网络等，以及概念之间的相互联系。随后介绍了深度学习的发展历程及前辈学者们对深度学习领域所做出的贡献。最后列出了深度学习及相关领域的著名国际会议、期刊、赛事和学术团队，以方便读者获取学习资料和进行学术研究。

参考文献

［1］Bengio Y. Learning deep architectures for AI. in Foundations and Trends in Machine Learning[J]. 2009，2(1):1-127.

［2］Hinton G，Osindero S，Teh Y. A fast learning algorithm for deep belief nets. Neural Computation[J]. 2006，18:1527-1554.

［3］LeCun Y，Bengio Y，Hinton G. Deep learning[J]. Nature. 2015，521：436-444.

［4］https://en. wikipedia. org/wiki/Deep_learning

［5］Li D，Dong Y. Deep Learning：Methods and Applications. Foundations and Trends in Signal Processing[J]. 2014,7:3-4.

［6］http://www. deeplearningbook. org/

［7］https://en. wikipedia. org/wiki/Yann_LeCun

［8］http://www. iro. umontreal. ca/～bengioy/yoshua_en/cv. htm

第2章
回　归

　　以上这段文字出自《三国演义》第46回"用奇谋孔明借箭 献密计黄盖受刑"，讲的是周瑜嫉妒诸葛亮之才，以10日为限，令诸葛亮督造10万支箭。诸葛亮因提前预测到三日之后有大雾，故与周瑜相约三日，终在第三日凭借大雾成功骗取曹操10万支箭的故事。这个故事有个家喻户晓的名字：草船借箭。其实诸葛亮草船借箭成功的关键因素在于他成功地预测到三日之后有大雾，凭借的方法当然是"夜观天象"。

　　三国演义中夜观天象作为一项重要的预测技能，可以预测天下大势，重要人物的生死，还有天气。虽然前两项并无科学依据，但是根据夜晚的天象预测天气，并非毫无科学依据。中国气象局气象探测中心副总工程师马舒庆曾指出，夜观天象更多的是指天文上的一些观测，如星座的移动等，与季节变化相关，是长期观测的结果，具有科学性。

　　至于某些古谚如"日月有风圈，无雨也风颠""星星水汪汪，下雨有希望""朝霞不出门，晚霞行千里"等，都是根据天象预测天气，是我国古人长期经验的总结，往往准确率颇高。

　　预测未来，一直是人类渴望拥有的一项重要能力。在现代社会，政治、军事、经济等领域对预测都有重大需求。朝鲜战争爆发后，兰德公司由于成功地预测中国出兵朝鲜而一举成名。该公司还依据公开信息成功预测了苏联将于1957年发射第一颗人造地球卫星，具体时间仅差两周。

　　本章所讲的回归就是一种预测技能，其功能类似于小说中被描述得神乎其技的"夜观天象"。回归一词来源于达尔文的表弟,英国生物学家 Francis Galton。Galton 为了研究父代与子代身高之间的遗传关系,收集了大量父子身高的数据。分析发现,当父亲的身高高于平均身高时,儿子身高高于父亲的概率要小于低于父亲身高的概率;而当父亲的身高低于平均身高时,儿子身高高于父亲的概率要大于低于父亲身高的概率。这一效应被称为"回归效应",意指大自然有使人类身高向平均值"回归"的约束力。现在所说的回归只是借用"回归"这个名词,实际是预估变量之间关系的一种统计学方法。回归大致包括线性回归和逻辑回归。

2.1 线性回归

2.1.1 问题描述

前面提到,回归是预估变量之间关系的方法。变量之间存在着两种关系:确定性关系和非确定性关系。确定性关系指的是变量之间存在确定的函数关系。如圆的面积 S 与半径 R 的关系为 $S=\pi R^2$,物体所受合力 F 与其质量 m 和加速度 a 的关系为 $F=ma$ 等。而非确定性关系指的是变量之间宏观上存在某种关系,但不足以用函数关系表达。例如子女的身高和父辈身高之间的关系,学习成绩与学习时间之间的关系等。这种关系也称为相关关系,是非确定性关系的一种。回归分析也可认为是对具有相关关系的变量进行统计分析的方法。

以 Galton 研究的父子之间身高为例。Galton 的实验中选取了 1078 个父亲及其成年儿子的身高。本书假设采集了 117 对父子身高数据,如图 2.1 所示(此数据仅供说明原理之用,并非实际采集的数据)。每个点代表一对父子的身高关系,横轴的 X 坐标是父亲的身高,纵轴的 Y 坐标是儿子的身高。根据现代遗传学知识可知,儿子的身高与父亲的身高有遗传关系,父亲的身高越高,儿子的身高越高。虽然儿子身高与父亲身高之间存在相关关系,但是如前面所说,两者之间的关系并不确定。如果一定要给出一个确定的关系,就要从所采集的数据中"总结"出一个函数关系,这个函数关系能够大致描述两者之间的关系。

以本书提供的 117 对父子身高数据为例。想从这 117 对父子身高数据中推测儿子与父亲身高之间的关系,首先需要假设父子身高之间函数关系的类型。如果假设儿子的身高是父亲身高的一个线性函数，这就是一个线性回归问题。也就是说，若儿子身高为 y，父亲身高为 x，父子身高之间的关系为 $y = \theta_0 + \theta_1 x$。体现在图 2.1 中就是一条直线，如图 2.2 所示。

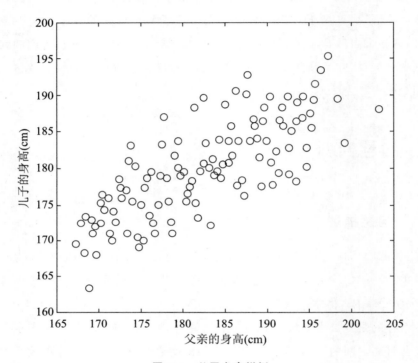

图 2.1　父子身高样例

显而易见，图中所有的点不可能都落在一条直线上。$y = \theta_0 + \theta_1 x$ 是用来反映父子之间身高关系的直线，给出的 117 个数据点是已有的事实，一般情况下，认为所采集的数据点集可以代表全集。这样的话我们的任务就是调整直线的参数 θ_0 和 θ_1，使得直线 $y = \theta_0 + \theta_1 x$ 与 117 个数据点组成的点集的差别最小，这种方法被称为拟合。

需要说明的是，Galton 选取了 1078 对父子身高关系，基本可反映当时父子之间的身高关系。本书为了方便展示，选取 117 对样例，只是为了说明原理。

2.1.2　问题求解

上一节提到，直线 $y = \theta_0 + \theta_1 x$ 需要与数据点集的差别尽量小。为了方便区分，直线 $y = \theta_0 + \theta_1 x$ 用 $h_\theta(x) = \theta_0 + \theta_1 x$ 来表示，而以 (x, y) 表示已有的数据点，包括 $(x^{(1)}, y^{(1)})$，

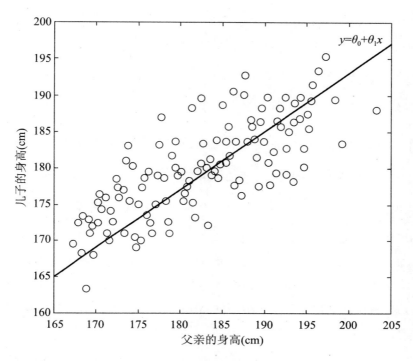

图 2.2 父子身高拟合直线

$(x^{(2)}, y^{(2)}), \cdots, (x^{(117)}, y^{(117)})$，共 117 个数据点。希望对于所有的点 $(x^{(i)}, y^{(i)})$，$y^{(i)}$ 与 $h_\theta(x^{(i)})$ 差距尽量小，假设

$$J(\theta_0, \theta_1) = \frac{1}{m} \sum_{i=1}^{m} \frac{(h_\theta(x^{(i)}) - y^{(i)})^2}{2} \tag{2-1}$$

其中，m 为数据点个数，此处 $m = 117$；$J(\theta_0, \theta_1)$ 可表示数据点与拟合直线之间的差距，也被称为代价函数(cost function)或损失函数(loss function)。目的就是调整 θ_0、θ_1，使得 $J(\theta_0, \theta_1)$ 最小。数据点如表 2.1 所示。

表 2.1 父子身高数据点

$(x^{(1)}, y^{(1)})$	$(168, 172.36)$
$\vdots$	$\vdots$
$(x^{(i)}, y^{(i)})$	$(183, 180.11)$
$\vdots$	$\vdots$
$(x^{(117)}, y^{(117)})$	$(195, 187.33)$

所以

$$J(\theta_0,\theta_1)=\frac{1}{2\times117}\big[(\theta_0+168\times\theta_1-172.36)^2+\cdots+$$

$$(\theta_0+183\times\theta_1-180.11)^2+\cdots+(\theta_0+195\times\theta_1-187.33)^2\big] \qquad (2\text{-}2)$$

据公式(2-2)可知，当 θ_1 一定时，$J(\theta_0,\theta_1)$ 形如 $\frac{1}{2}(\theta_0^2+k_1\theta_0+k_2)$，其中 k_1,k_2 由 θ_1 决定；当 θ_0 一定时，$J(\theta_0,\theta_1)$ 形如 $\frac{1}{2}(k_3\theta_1^2+k_4\theta_1+k_5)$，其中 k_3,k_4,k_5 由 θ_0 决定，k_3 的量级为 10^4。由此可知，$J(\theta_0,\theta_1)$ 沿 θ_0 和 θ_1 的切面都是二次函数，也就是抛物线，但是沿 θ_0 方向切面的抛物线 $\frac{1}{2}(\theta_0^2+k_1\theta_0+k_2)$ 开口很大，沿着 θ_1 方向切面的抛物线 $\frac{1}{2}(k_3\theta_1^2+k_4\theta_1+k_5)$ 开口极小。整个 $J(\theta_0,\theta_1)$ 的形状应该如同一个 U 型的薄饼。

图 2.3 显示了函数 $J(\theta_0,\theta_1)$ 的三维形状，此图很容易误使读者认为 $J(\theta_0,\theta_1)$ 只是一个沿 θ_1 方向的 U 型曲面，沿 θ_0 方向的切面全都是平行于 θ_0 轴的直线。其实这是因为沿着 θ_0、θ_1 两个方向切面所得的抛物线开口大小，太过悬殊所致。缩小显示比例以查看 $J(\theta_0,\theta_1)$ 全貌如图 2.4 所示。

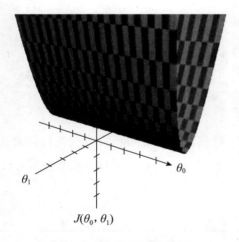

图 2.3　$J(\theta_0,\theta_1)$ 函数形状

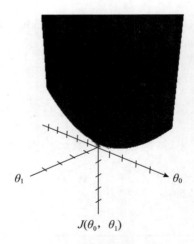

图 2.4　$J(\theta_0,\theta_1)$ 函数全貌

由此印证了对于函数 $J(\theta_0,\theta_1)$ 形状的预测。$J(\theta_0,\theta_1)$ 同大多数线性回归的代价函数一样，是一个碗状函数（bowl shape function），不过这个"碗"已经沿 θ_1 方向被压缩成了一个空心薄饼，但这并不影响函数 $J(\theta_0,\theta_1)$ 具有唯一的全局最优点。

求解函数 $J(\theta_0,\theta_1)$ 的最小值有两种方法,分别为梯度下降法(gradient descent)和正规方程法(normal equation)。

1. 梯度下降法

顾名思义,梯度下降法的思想就是:随机选取一对 (θ_0,θ_1),沿着碗状函数 $J(\theta_0,\theta_1)$ 值下降最快的方向调整 (θ_0,θ_1) 的值,直到 $J(\theta_0,\theta_1)$ 不再改变为止(即已经到达“碗底”)。

梯度的含义为使得某一点函数值增长最快的方向,对于二次函数来说,很明显某点梯度的方向是沿着该点切线的方向,其值为该点的导数。考虑 θ_1 一定时,$J(\theta_0)$ 为抛物线,$J(\theta_0)$ 下降最快的方向为 θ_0 点梯度的反方向,也即 θ_0 点梯度下降的方向,如图 2.5 所示。

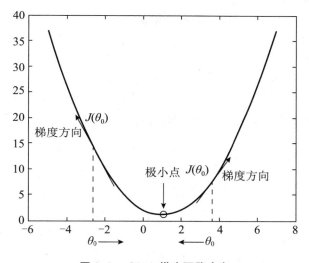

图 2.5　$J(\theta_0)$ 梯度下降方向

也就是说,只要按照公式(2-3)迭代更新 θ_0 的值

$$\theta_0(i+1)=\theta_0(i)-\alpha \cdot g(\theta_0(i)) \tag{2-3}$$

其中,$g(\theta_0)=\dfrac{\mathrm{d}}{\mathrm{d}\theta_0}J(\theta_0)$,$\theta_0(i)$ 为迭代第 i 步的 θ_0,α 为学习率且 $\alpha>0$,就可以使 $J(\theta_0)$ 最终下降到极小点。可以这样理解公式(2-3),$-g(\theta_0)$ 为梯度的反方向,保证每次迭代 θ_0 都是朝着梯度下降的方向移动,α 为每次移动的步长。$g(\theta_0)$ 控制 θ_0 移动方向,α 控制移动速率,若 α 选取得当,$J(\theta_0)$ 可顺利收敛至极小点。α 选取过小,则 $J(\theta_0)$ 需要较长时间才能收敛至极小点;α 选取过大,则 $J(\theta_0)$ 可能会发散,如图 2.6 所示。

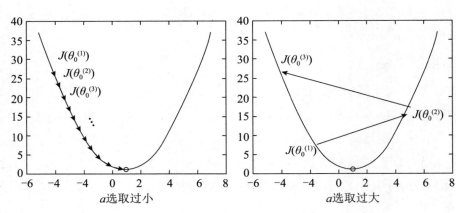

图 2.6   学习率 α 的不当选择

θ_0 一定时，情形类似。$J(\theta_0, \theta_1)$ 是关于 θ_0, θ_1 的函数，求 $J(\theta_0, \theta_1)$ 的极小点，梯度下降法的思想就是从某一点 (θ_0, θ_1) 出发，沿着 $J(\theta_0, \theta_1)$ 梯度下降的方向行进，直至极小点。参照梯度下降法在 $J(\theta_0)$ 上的应用可知，$J(\theta_0, \theta_1)$ 梯度下降的方向就是分别沿 θ_0, θ_1 下降最快的方向，也就是 $J(\theta_0, \theta_1)$ 对 θ_0, θ_1 偏导数的反向，如图 2.7 所示。参考公式 (2-3) 可得 θ_0, θ_1 的迭代公式如下：

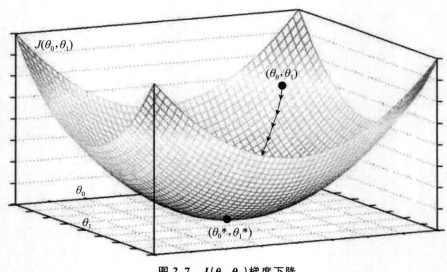

图 2.7 $J(\theta_0, \theta_1)$ 梯度下降

$$\theta_0(i+1)=\theta_0(i)-\alpha \cdot g_0(\theta_0(i))$$
$$\theta_1(i+1)=\theta_1(i)-\alpha \cdot g_1(\theta_1(i))$$

$$(2\text{-}4)$$

其中，$g_0(\theta_0)=\dfrac{\partial}{\partial \theta_0}J(\theta_0,\theta_1)$，$g_1(\theta_1)=\dfrac{\partial}{\partial \theta_1}J(\theta_1,\theta_1)$，$\alpha$ 为学习率且 $\alpha>0$。由于 $J(\theta_0,\theta_1)$ 为碗状函数，存在唯一的极小值点，在 α 选取适度的情况下，θ_0，θ_1 按照公式(2-4)不断迭代，最终可达到 $J(\theta_0,\theta_1)$ 的极小值点 (θ_0^*,θ_1^*)，这个点即所寻找的参数 θ_0，θ_1 值。

将公式(2-1)代入 $g_0(\theta_0)=\dfrac{\partial}{\partial \theta_0}J(\theta_0,\theta_1)$ 和 $g_1(\theta_1)=\dfrac{\partial}{\partial \theta_1}J(\theta_1,\theta_1)$ 可得

$$\frac{\partial}{\partial \theta_0}J(\theta_0,\theta_1)=\frac{1}{m}\sum_{i=1}^{m}h_\theta(x^{(i)})-y^{(i)}$$

$$\frac{\partial}{\partial \theta_1}J(\theta_0,\theta_1)=\frac{1}{m}\sum_{i=1}^{m}(h_\theta(x^{(i)})-y^{(i)})x^{(i)}$$

需要指出的是，梯度下降法适用于任何寻找函数极值的情形，只不过对于碗状函数(也称凸函数)来说，局部最小点即全局最小点；而对于非凸函数来说，局部最小点未必是全局最小点，梯度下降法在此时可能找到的只是局部最小点，且跟起始点的位置有关，如图 2.8 所示。

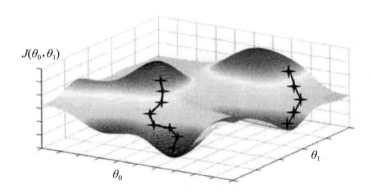

图 2.8　非凸函数 $J(\theta_0,\theta_1)$ 梯度下降(见彩插)

2. 正规方程法

由前面可知，梯度下降法实际是从几何的角度，通过累次迭代的方法逐步逼近最优解的。求解时间甚至是否可求得最小值都取决于初始点及学习率的选择。这使得梯度下降法很依赖于经验，而且非常烦琐。以下所讲的正规方程法采用线性代数的方法，可一次求

得最小值，相当简捷有效。

考虑线性回归问题的本质是寻找一个函数 $h_\theta(x)=\theta_0+\theta_1 x$，使得其与所有数据点集 $(x^{(1)},y^{(1)}),(x^{(2)},y^{(2)}),\cdots,(x^{(m)},y^{(m)})$ 的差距尽量小。也即如表 2.2 所示，总体上左侧的预测值 $\theta_0+\theta_1 x^{(i)}$ 与右侧的实际值 $y^{(i)}$ 之间的距离最小。

表 2.2　回归问题预测值与实际值

预测值	实际值
$\theta_0+\theta_1 x^{(1)}$	$y^{(1)}$
$\theta_0+\theta_1 x^{(2)}$	$y^{(2)}$
$\vdots$	$\vdots$
$\theta_0+\theta_1 x^{(m)}$	$y^{(m)}$

根据线性代数的基本知识，左侧的预测值可表示为矩阵相乘的形式

$$\begin{bmatrix} 1,x^{(1)} \\ 1,x^{(2)} \\ \vdots \\ 1,x^{(m)} \end{bmatrix} \cdot \begin{bmatrix} \theta_1 \\ \theta_2 \end{bmatrix} = \theta_1 \begin{bmatrix} 1 \\ 1 \\ \vdots \\ 1 \end{bmatrix} + \theta_2 \begin{bmatrix} x^{(1)} \\ x^{(2)} \\ \vdots \\ x^{(m)} \end{bmatrix} = X \cdot \vec{\theta}$$

右侧的实际值也可表示为向量的形式

$$\vec{y} = \begin{bmatrix} y^{(1)} \\ y^{(2)} \\ \vdots \\ y^{(m)} \end{bmatrix}$$

最理想的情况是 $X \cdot \vec{\theta} = \vec{y}$，这意味着存在 θ_0,θ_1 使得直线 $y=\theta_0+\theta_1 x$ 穿过所有的数据点，实际一般是不可能的。由图 2.2 可见，大多数情况下，所有的数据点不会在同一条直线上。

这样就需要寻找 θ_0,θ_1 使得 $|\vec{y}-X \cdot \vec{\theta}|$ 最小。$X \cdot \vec{\theta}$ 可表示由向量 $\vec{x}_1=[1,1,\cdots,1]^T$ 和 $\vec{x}_2=[x^{(1)},x^{(2)},\cdots,x^{(m)}]^T$ 张成的平面 β 中的任意向量，这些向量中与 $\vec{y}$ 误差最小的是 $\vec{y}$ 在平面 β 上的投影向量 $\vec{y}'$，如图 2.9 所示。

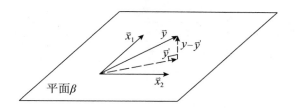

图 2.9 $\overrightarrow{y}$ 在平面 β 上的投影

误差向量 $\overrightarrow{y}-\overrightarrow{y}'$ 垂直于 $\overrightarrow{x}_1$ 和 $\overrightarrow{x}_2$,有 $[\overrightarrow{x_1^T},\overrightarrow{x_2^T}]^T \cdot (\overrightarrow{y}-\overrightarrow{y}')=0$,即 $X^T \cdot (\overrightarrow{y}-X \cdot \overrightarrow{\theta})=0$,整理可得 $\overrightarrow{\theta}=(X^T X)^{-1} \cdot X^T \cdot \overrightarrow{y}$。根据此式可以直接求出 θ_0 和 θ_1。

3. 问题泛化

以上父子身高问题只是线性回归中比较简单的个例,因变量(儿子身高 y)只与一个自变量(父亲身高 x)有关。实际生活中大家会遇到很多因变量不止与一个自变量有关的情况。事实上,对于父子身高问题,很多人都会觉得儿子身高应该还与母亲身高有关。参考2.1.2 节,因变量不止与一个自变量相关的线性回归问题可表示为

$$h_\theta(x)=\theta_0+\theta_1 x_1+\theta_2 x_2+\cdots+\theta_n x_n \tag{2-5}$$

其中,$x_1,x_2,\cdots,x_n$ 为自变量,数据点集变成了

$$(x_1^{(1)},x_2^{(1)},\cdots,x_n^{(1)},y^{(1)}),(x_1^{(2)},x_2^{(2)},\cdots,x_n^{(2)},y^{(2)}),\cdots,(x_1^{(m)},x_2^{(m)},\cdots,x_n^{(m)},y^{(m)})$$

代价函数 $J(\theta)=\frac{1}{2m}\sum_{i=1}^m(h_\theta(x^{(i)})-y^{(i)})^2$,其中,$h_\theta(x^{(i)})=\theta_0+\theta_1 x_1^{(i)}+\cdots+\theta_n x_n^{(i)}$。类似地,在梯度下降法中有 $\theta_0,\theta_1,\cdots,\theta_n$ 的迭代更新公式如下:

$$\theta_0(i+1)=\theta_0(i)-\alpha \cdot g_0(\theta_0(i))$$
$$\theta_1(i+1)=\theta_1(i)-\alpha \cdot g_1(\theta_1(i))$$
$$\vdots \tag{2-6}$$
$$\theta_n(i+1)=\theta_n(i)-\alpha \cdot g_n(\theta_n(i))$$

其中,$g_0(\theta_0)=\frac{\partial}{\partial\theta_0}J(\theta)$,$g_1(\theta_1)=\frac{\partial}{\partial\theta_1}J(\theta)$,$g_n(\theta_n)=\frac{\partial}{\partial\theta_n}J(\theta)$。$J(\theta_0,\theta_1,\cdots,\theta_n)$ 是一个 $n+2$ 维空间上的"碗状函数"。按照公式(2-6)更新 $\theta_0,\theta_1,\cdots,\theta_n$ 则可使 $J(\theta_0,\theta_1,\cdots,\theta_n)$ 达到最小值。

对于多自变量的正规方程法,同样期望预测值 $\theta_0+\theta_1 x_1^{(i)}+\cdots+\theta_n x_n^{(i)}$ 与实际值 $y^{(i)}$ 之间的距离最小,如表 2.3 所示。

表 2.3   正规方程法预测值与实际值

预测值	实际值
$\theta_0 + \theta_1 x_1^{(1)} + \cdots + \theta_n x_n^{(1)}$	$y^{(1)}$
$\theta_0 + \theta_1 x_1^{(2)} + \cdots + \theta_n x_n^{(2)}$	$y^{(2)}$
$\vdots$	$\vdots$
$\theta_0 + \theta_1 x_1^{(m)} + \cdots + \theta_n x_n^{(m)}$	$y^{(m)}$

同样可推导得 $\vec{\theta} = (X^\mathrm{T} X)^{-1} \cdot X^\mathrm{T} \cdot \vec{y}$，其中

$$\vec{\theta} = \begin{bmatrix} \theta_0 \\ \theta_1 \\ \vdots \\ \theta_n \end{bmatrix}, X = \begin{bmatrix} 1, x_1^{(1)}, \cdots, x_n^{(1)} \\ 1, x_1^{(2)}, \cdots, x_n^{(2)} \\ \vdots \\ 1, x_1^{(m)}, \cdots, x_n^{(m)} \end{bmatrix}$$

2.1.3   工具实现

由于线性回归是机器学习中比较常用的方法，一些数学工具中已实现了线性回归的函数，方便大家使用。本节将继续以 2.1.1 节中的父子身高问题为例，介绍线性回归在 R、MATLAB 和 Python 中的实现。

1. R 语言实现

R 是用于统计计算和绘图的免费软件环境，其前身是由 AT&T 的贝尔实验室开发的 S 语言，S 语言主要用于统计分析、数据探索和作图。1993 年，新西兰奥克兰大学统计学系的高级讲师 Ross Ihaka 和 Robert Gentleman 为了授课方便，基于 S 开发了一种语言，由于两人名字的首字母都为 R，这门语言便称为 R 语言。

R 与 S 一脉相承，S 语言代码可直接在 R 环境下运行。R 语言由于扩展性和可移植性良好，加之有众多扩展包支持，从而风靡整个数据挖掘领域。据 Rexer Analytics 统计，至 2013 年已有 70%的数据挖掘工程师使用 R 语言进行数据分析，且在此之前该比例一直呈上升趋势。R 语言的流行固然离不开两位创始人和众多维护者的辛勤工作，继承自 S 语言的优良遗传基因，也是其成功的重要原因之一。S 语言于 1998 年获得了美国计算机协会（ACM）的软件系统奖。只须看一下 ACM 软件系统奖历年的名单就知道该奖项的价值：1983 Unix，1986 Tex，1991 TCP/IP，1995 World Wide Web，1999 Apache，2002 Java。

R 的控制台界面如图 2.10 所示。首行是 R 的版本信息,第二行和第三行分别为 R 的版权信息和本机的配置信息。最下面一行是命令行提示符"＞"。

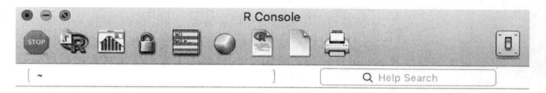

```
R version 3.2.4 (2016-03-10) -- "Very Secure Dishes"
Copyright (C) 2016 The R Foundation for Statistical Computing
Platform: x86_64-apple-darwin13.4.0 (64-bit)

R是自由软件, 不带任何担保。
在某些条件下你可以将其自由散布。
用'license()'或'licence()'来看散布的详细条件。

R是个合作计划, 有许多人为之做出了贡献.
用'contributors()'来看合作者的详细情况
用'citation()'会告诉你如何在出版物中正确地引用R或R程序包。

用'demo()'来看一些示范程序, 用'help()'来阅读在线帮助文件, 或
用'help.start()'通过HTML浏览器来看帮助文件。
用'q()'退出R.

[R.app GUI 1.67 (7152) x86_64-apple-darwin13.4.0]

[History restored from /Users/longfei/.Rapp.history]

>|
```

图 2.10 R 的控制台界面

R 有两种运行模式:命令行和脚本。命令行模式即在提示符"＞"后逐条输入 R 命令,然后查看结果。脚本模式是将所有命令写入后缀名为.r 的文件,然后加载执行。一般来说,在使用复杂指令序列时,后者更为方便。

由于 R 中带有实现线性回归的函数,只需要 4 条命令就可实现前面的父子身高问题的线性回归。这 4 条指令完成 3 个动作,即读数据、变量赋值和回归计算。

R 中读取数据一般用 read.table()函数,如果不了解 read.table 的用法,可在命令行中使

用? read.table 命令来查询函数用法。

```
> ? read.table
starting httpd help server … done
```

可调出 read.table 的帮助文档，如图 2.11 所示。

read.table {utils}   R Documentation

Data Input

Description

Reads a file in table format and creates a data frame from it, with cases corresponding to lines and variables to fields in the file.

Usage

```
read.table(file, header = FALSE, sep = "", quote = "\"'",
           dec = ".", numerals = c("allow.loss", "warn.loss", "no.loss"),
           row.names, col.names, as.is = !stringsAsFactors,
           na.strings = "NA", colClasses = NA, nrows = -1,
           skip = 0, check.names = TRUE, fill = !blank.lines.skip,
           strip.white = FALSE, blank.lines.skip = TRUE,
           comment.char = "#",
           allowEscapes = FALSE, flush = FALSE,
           stringsAsFactors = default.stringsAsFactors(),
           fileEncoding = "", encoding = "unknown", text, skipNul = FALSE)

read.csv(file, header = TRUE, sep = ",", quote = "\"",
         dec = ".", fill = TRUE, comment.char = "", ...)

read.csv2(file, header = TRUE, sep = ";", quote = "\"",
          dec = ",", fill = TRUE, comment.char = "", ...)

read.delim(file, header = TRUE, sep = "\t", quote = "\"",
           dec = ".", fill = TRUE, comment.char = "", ...)

read.delim2(file, header = TRUE, sep = "\t", quote = "\"",
            dec = ",", fill = TRUE, comment.char = "", ...)
```

Arguments

file   the name of the file which the data are to be read from. Each row of the table appears as one line of the file. If it does not contain an *absolute* path, the file name is *relative* to the current working directory, getwd(). Tilde-expansion is performed where supported. This can be a compressed file (see file).

Alternatively, file can be a readable text-mode connection (which will be opened for reading if necessary, and if so closed (and hence destroyed) at the end of the function call). (If stdin() is used, the prompts for lines may be somewhat confusing. Terminate input with a blank line or an EOF signal, ctrl-D on Unix and ctrl-Z on Windows. Any pushback on stdin() will be cleared before return.)

file can also be a complete URL. (For the supported URL schemes, see the 'URLs' section of the help for url.)

图 2.11　read.table 帮助文档

若不想阅读如此烦琐的帮助文档，还可通过 example 命令直接查看 read.table 的应用实例。

```
> example(read.table)
```

此处的实例依然不太好理解。其实对于首行为表头，表项之间以空格分隔的 txt 文件来说,与之相关的参数只有 file 和 header。本书的数据文件 height.txt 正是此种格式,数据文件的内容形如:

```
    HeightofFather    HeightofSon
        168             172.36
        169             172.90
        170             172.28
        171             174.91
        ...
```

可使用 read.table(file=file.choose(),header=T)命令读入数据,则系统会弹出对话框让用户选择输入的数据文件。此外还可用 read.table("文件所在路径",header=T)来读入数据。header=T 表示文件的第一行为表头数据。文件中的数据被读入后,赋值给变量 data。

```
> data<-read.table(file=file.choose(),header=T)
```

此时的 data 为一个 117 行、2 列的矩阵。第一列为所有的父亲身高,第二列为对应的儿子身高。将所有父亲身高赋值给向量 x,再将所有儿子身高赋值给向量 y。

```
> x<-data[,1]
> y<-data[,2]
```

其中 data[,1]表示 data 的第一列,data[,2]表示 data 的第二列。然后调用线性回归函数 lm()或 lsfit()可得最终结果。

```
> lm(y~x)
```

或者

```
> lsfit(x,y)
```

可得

```
$ coefficients
Intercept        X
75.4067659  0.5731045
```

也就是说拟合直线为 $y = 0.5731x + 75.4068$。将以上命令写入名为 height.r 的脚本文件中。

```
data= read.table(file=file.choose(),header=T)
x<-data[,1]
y<-data[,2]
lm(y~x)
```

在命令行中调用

```
> source('/Users/longfei/Desktop/height.r')
```

单引号中为脚本文件所在路径，命令执行后会提示选择数据文件，选中 height.txt 文件后，脚本自动运行，但运算完毕后没有输出结果。若想在控制台查看输出结果，只需将 height.r 中的最后一句改为 print(lm(y~x))，得到输出结果如下。

```
Call:
lm(formula=y ~ x)
Coefficients:
(Intercept)        x
   75.4068        0.5731
```

对比 Galton 父子身高问题，其回归方程为 $y = 0.516x + 33.73$，单位为英寸，换算为厘米为 $y = 0.516x + 85.67$，与本书前述的回归方程相近。

2. MATLAB 实现

MATLAB 是美国 Mathworks 公司出品的一款商业数学软件，可用于矩阵计算、数值分析和数据可视化等。MATLAB 在功能上近似于 R，但并不是免费的。MATLAB 的控制台界面如图 2.12 所示。中间为命令行窗口，可见 MATLAB 以">>"为命令行提示符。右侧栏为工作空间，显示的是当前的工作变量。

与 R 相同，MATLAB 也有命令行和脚本两种运行模式，命令行即在提示符">>"后逐条输入命令，然后查看输出。MATLAB 的脚本以.m 为后缀名。

MATLAB 中同样实现了线性回归函数，同样可通过读数据、变量赋值和回归计算三个动作求解 2.1.1 节的父子身高问题。

可使用 load 命令来读入数据文件。与 R 不同，MATLAB 不接受表头，数据文件中必须

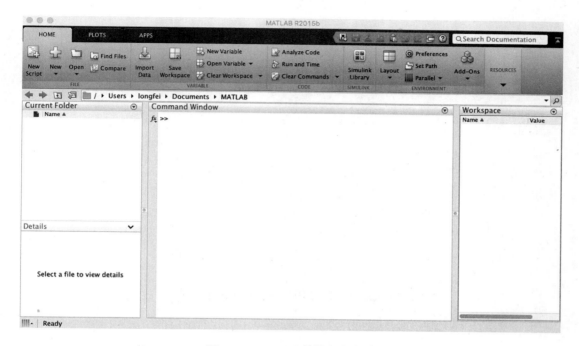

图 2.12　MATLAB 的控制台界面

是以空格隔开的规则矩阵。将 height.txt 的表头去掉，读入文件。

```
>> load /Users/longfei/Desktop/height.txt
```

MATLAB 会将 height.txt 文件中的数据读入并自动保存在名为 height 的变量中，单击右边的工作空间（Workspace）可看到 height 的数据，如图 2.13 所示。

然后将 height 的第一列赋值给 x，第二列赋值给 y。

```
>> x=height(:,1);
>> y=height(:,2);
```

MATLAB 中曲线拟合的函数为 polyfit()，可进行任意次曲线拟合，线性回归可视为一次曲线拟合。

```
>> p=polyfit(x,y,1)
p=
   0.5731   75.4068
```

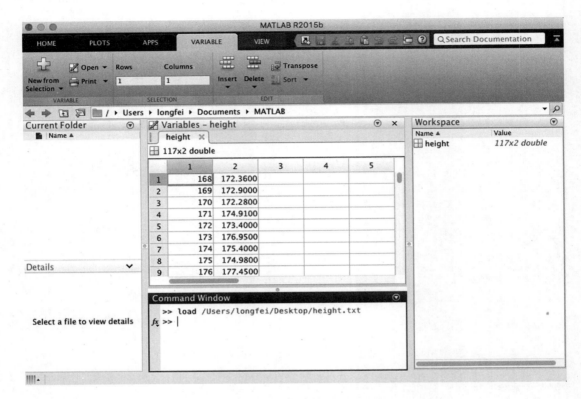

图 2.13　MATLAB 读取数据文件

ployfit 中最后一个参数为曲线的次数。p 为运算结果，即 $y = 0.5731x + 75.4068$，与使用 R 得出的结果相同。

3. Python 实现

Python 是一种面向对象的解释型程序设计语言，由 Guido van Rossum 于 1989 年发明。缘其简洁清晰的语法和丰富强大的类库，被广泛应用于数据挖掘、机器学习、科学计算和文本处理等领域。Python 中用于科学计算的经典扩展库 SciPy 正好可以完美地解决线性回归问题。Mac OS 系统会自带 Python 2.7，Windows 和 Linux 平台需要自行安装，一般安装 Python 2.7 即可。

Python 及所涉及的类库安装在此不做赘述，操作步骤与 MATLAB 和 R 相同，首先还是需要将数据从文件 height.txt 中读出，然后将其赋值给两个变量，再进行回归运算，具体代码如下。

```
1 from scipy import stats
2 data=[]
3 for l in open("/Users/longfei/Desktop/height.txt"):
4     row=[float(x) for x in l.split()]
5     if len(row) > 0:
6         data.append(row)
7 x=[l[0] for l in data]
8 y=[l[1] for l in data]
9 slope,intercept,r_val,p_val,slope_std_err=stats.linregress(x,y)
10 print 'slope=% s' % slope
11 print 'intercept=% s' % intercept
```

运行结果为：

```
slope=0.57310445575
intercept=75.4067659447
[Finished in 0.3s]
```

其中，open()函数的参数为 height.txt 文件的存放路径，linregress 为 SciPy 中进行线性回归计算的函数。代码第 3～6 行从文件中读取数据，data 为 117 * 2 的矩阵；第 7 行和第 8 行将 data 的第 1 列和第 2 列分别赋值给 x 和 y；第 9 行计算线性回归，slope 和 intercept 分别为计算所得的拟合直线的斜率和截距，第 10 行和第 11 行显示结果。

2.2　逻辑回归

2.2.1　问题描述

回归问题的本质是相同的，都是用一个函数来描述因变量与自变量之间的关系。线性回归问题中因变量取值范围可以与自变量相同，如父子身高问题；而逻辑回归问题中因变量一般取逻辑值 0 或 1。

例如，学习时间与学习成绩之间的关系直观上可以用线性函数来描述，但学习时间与是否通过考试之间的关系就不适合用线性函数来表示，因为是否通过考试只有两个可能的取值：是(1)或否(0)。

虽然如此，逻辑回归仍然可以看成是一个广义的线性回归。假设我们收集了某班 25 名学生学习成绩与学习时间的关系数据，如图 2.14（上半部）所示，每个点代表一位学生的学习成绩与相应的学习时间。直观上感觉，学习成绩与学习时间是成正比的，两者之间应该是一个线性关系，如图 2.14（上半部）所示的拟合直线 $y=\theta_0+\theta_1 x$。

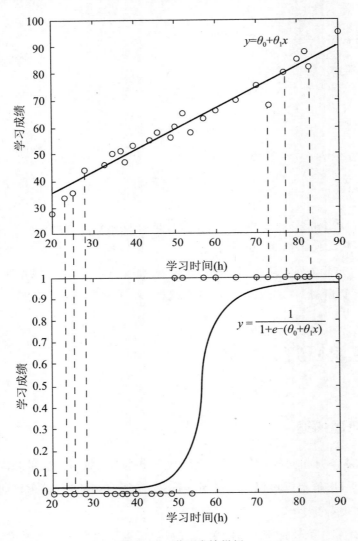

图 2.14　学习成绩样例

当因变量变成考试是否通过时（假设 60 分为通过），实际就是将图 2.14（上半部）的因变量学习成绩映射到图 2.14(下半部)的因变量考试是否通过。而此时的拟合直线也相应地压缩至 $[0,1]$ 之间,变为曲线 $y=\dfrac{1}{1+\mathrm{e}^{-(\theta_0+\theta_1 x)}}$。也即通过形如图 1.2(d)的函数 $y=\dfrac{1}{1+\mathrm{e}^{-z}}$ 将直线 $y=\theta_0+\theta_1 x$ 变化为取值在 $[0,1]$ 之间的曲线,函数 $y=\dfrac{1}{1+\mathrm{e}^{-z}}$ 也被称为 Sigmoid 函数。由图 2.14(下半部)可见,曲线 $y=\dfrac{1}{1+\mathrm{e}^{-(\theta_0+\theta_1 x)}}$ 与直线 $y=\theta_0+\theta_1 x$ 相比,能够更好地描述考试是否通过与学习时间之间的关系。

这样的话,与线性回归类似,任务是调整曲线的参数 θ_0 和 θ_1,使得曲线 $y=\dfrac{1}{1+\mathrm{e}^{-(\theta_0+\theta_1 x)}}$ 与图 2.14(下半部)中 25 个数据点组成的点集的差别最小。

2.2.2　问题求解

由 2.1.2 节可知,需要寻找一个代价函数 $J(\theta_0,\theta_1)$ 来表示曲线 $y=\dfrac{1}{1+\mathrm{e}^{-(\theta_0+\theta_1 x)}}$ 与数据点集之间的差距。如果依旧选择公式(2-1)

$$J(\theta_0,\theta_1)=\frac{1}{m}\sum_{i=1}^{m}\frac{(h_\theta(x^{(i)})-y^{(i)})^2}{2}$$

作为代价函数,$h_\theta(x)=\dfrac{1}{1+\mathrm{e}^{-(\theta_0+\theta_1 x)}}$,$J(\theta_0,\theta_1)$(此处对 $J(\theta_0,\theta_1)$ 进行了线性变换以方便展示)并不是一个凸函数,如图 2.15 所示。也就是说,$J(\theta_0,\theta_1)$ 存在不止一个局部最优点。

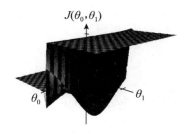

图 2.15　$J(\theta_0,\theta_1)$ 函数

因此需要重新设计代价函数,代价函数表示的是预测函数 $h_\theta(x)$ 与实际值 y 之间的差距,由于 y 只能取 $\{0,1\}$,y 为 1 时,x 越大,$h_\theta(x)$ 越接近 1,代价函数应当越小;y 为 0 时,x 越小,$h_\theta(x)$ 越接近 0,代价函数应该越小。

在 $y=1$ 时，可取 $-\log(h_\theta(x))$ 表示两者的差距；在 $y=0$ 时，可取 $-\log(1-h_\theta(x))$。两者的函数图像如图 2.16 所示。由此可将代价函数改进为

$$J(\theta_0,\theta_1)=-\frac{1}{m}\left[\sum_{i=1}^{m}y^{(i)}\log h_\theta(x^{(i)})+(1-y^{(i)})\log(1-h_\theta(x^{(i)}))\right] \tag{2-7}$$

可验证公式（2-7）为凸函数。

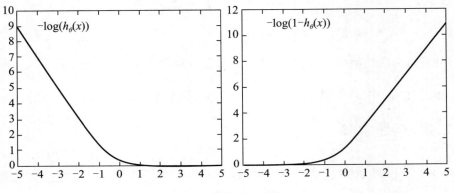

图 2.16　代价函数的选取

为了使 $J(\theta_0,\theta_1)$ 最小，依然可使用 2.1.2 节所述的梯度下降法。也就是说公式（2-4）

$$\theta_0(i+1)=\theta_0(i)-\alpha \cdot g_0(\theta_0(i))$$

$$\theta_1(i+1)=\theta_1(i)-\alpha \cdot g_1(\theta_1(i))$$

其中，$g_0(\theta_0)=\frac{\partial}{\partial\theta_0}J(\theta_0,\theta_1)$，$g_1(\theta_1)=\frac{\partial}{\partial\theta_1}J(\theta_0,\theta_1)$，$\alpha$ 为学习率。对逻辑回归问题依然有效。将公式（2-7）代入 $g_0(\theta_0)$ 和 $g_1(\theta_1)$ 可得：

$$\frac{\partial}{\partial\theta_0}J(\theta_0,\theta_1)=\frac{1}{m}\sum_{i=1}^{m}h_\theta(x^{(i)})-y^{(i)}$$

$$\frac{\partial}{\partial\theta_1}J(\theta_0,\theta_1)=\frac{1}{m}\sum_{i=1}^{m}(h_\theta(x^{(i)})-y^{(i)})x^{(i)}$$

可见与线性回归部分的两个偏导数形式相同，故逻辑回归和线性回归更新过程也相同。

问题泛化

类似于父子身高问题，本节的考试通过问题也只是逻辑回归中比较简单的个例，因变量（考试是否通过 y）只与一个自变量（学习时间 x）有关。逻辑回归在实际应用中的大多数情况还是因变量不止与一个自变量有关。事实上，对于考试通过问题，常识上来说还应与

考生的领悟能力,学习方法等因素有关。参考 2.2.2 节,因变量不止与一个自变量相关的逻辑回归问题可表示为

$$h_\theta(x) = \frac{1}{1 + e^{-(\theta_0 + \theta_1 x_1 + \theta_2 x_2 + \cdots + \theta_n x_n)}} \tag{2-8}$$

其中,$x_1, x_2, \cdots, x_n$ 为自变量,数据点集变成了:

$$(x_1^{(1)}, x_2^{(1)}, \cdots, x_n^{(1)}, y^{(1)}), (x_1^{(2)}, x_2^{(2)}, \cdots, x_n^{(2)}, y^{(2)}), \cdots, (x_1^{(m)}, x_2^{(m)}, \cdots, x_n^{(m)}, y^{(m)})$$

代价函数为:

$$J(\theta) = -\frac{1}{m}\left[\sum_{i=1}^{m} y^{(i)} \log h_\theta(x^{(i)}) + (1 - y^{(i)}) \log(1 - h_\theta(x^{(i)}))\right]$$

其中 $h_\theta(x^{(i)}) = \theta_0 + \theta_1 x_1^{(i)} + \cdots + \theta_n x_n^{(i)}$,为了形式整齐,可表示为:

$$h_\theta(x^{(i)}) = \theta_0 x_0^{(i)} + \theta_1 x_1^{(i)} + \cdots + \theta_n x_n^{(i)}$$

其中,$x_0^{(i)}$ 永远为 1。类似地,在梯度下降法中 $\theta_0, \theta_1, \cdots, \theta_n$ 的迭代更新公式如下:

$$\theta_0(i+1) = \theta_0(i) - \alpha \cdot g_0(\theta_0(i))$$
$$\theta_1(i+1) = \theta_1(i) - \alpha \cdot g_1(\theta_1(i))$$
$$\vdots \tag{2-9}$$
$$\theta_n(i+1) = \theta_n(i) - \alpha \cdot g_n(\theta_n(i))$$

其中,$g_0(\theta_0) = \frac{\partial}{\partial \theta_0} J(\theta)$,$g_1(\theta_1) = \frac{\partial}{\partial \theta_1} J(\theta)$,$g_n(\theta_n) = \frac{\partial}{\partial \theta_n} J(\theta)$。$J(\theta_0, \theta_1, \cdots, \theta_n)$ 是一个 $n+2$ 维空间上的碗状函数。

$$\frac{\partial}{\partial \theta_j} J(\theta) = \frac{1}{m} \sum_{i=1}^{m} (h_\theta(x^{(i)}) - y^{(i)}) x_j^{(i)}$$

带入公式(2-9)可得到参数 θ 的更新公式(2-10),依然与线性回归相同。

$$\theta_j(i+1) = \theta_j(i) - \frac{\alpha}{m} \sum_{i=1}^{m} (h_\theta(x^{(i)}) - y^{(i)}) x_j^{(i)} \tag{2-10}$$

按照公式(2-10)更新 $\theta_0, \theta_1, \cdots, \theta_n$,则可使 $J(\theta_0, \theta_1, \cdots, \theta_n)$ 达到最小值。

2.2.3 工具实现

本节依然使用 R、MATLAB 和 Python 来求解学习成绩与是否通过考试的逻辑回归问题。

1. R 语言实现

前面讲到,在 R 中使用 lm()或者 lsfit()函数就可方便地实现线性回归。逻辑回归可

看成是广义的线性回归,故 R 中使用广义线性模型 glm()来实现包括逻辑回归在内的一类广义线性回归问题。使用? glm 来查阅 glm 的帮助文档,可见 glm()有如下参数:

```
glm(formula,family=gaussian,data,weights,subset,
na.action,start=NULL,etastart,mustart,offset,
control=list(…),model=TRUE,method="glm.fit",
x=FALSE,y=TRUE,contrasts=NULL,…)
```

其中,即将使用到的有 formula、family 和 data 三个参数。formula 是表示变量之间关系的方程,family 是广义线性模型的种类,data 是需要拟合的数据点。本例中因变量为是否通过考试 P,自变量为学习时间 T,需要寻找 P 和 T 之间的关系。广义线性模型的种类为 binomial,也即二项分布。data 存储于文件 exam.txt 中,格式如下:

```
T   P
20  0
23  0
25  0
28  0
…
```

exam.txt 中共有 25 个数据行,每行的第 1 个元素为学生的学习时间,第 2 个元素为该生是否通过考试。

R 语言中,逻辑回归是二项分布中重要的模型,当因变量 Y 与 n 个自变量 $X_1, X_2, \cdots, X_n$ 相关时,预测函数为

$$\frac{e^{(\theta_0 + \theta_1 X_1 + \theta_2 X_2 + \cdots + \theta_n X_n)}}{1 + e^{(\theta_0 + \theta_1 X_1 + \theta_2 X_2 + \cdots + \theta_n X_n)}} \tag{2-11}$$

与 $h_\theta(x)$ 相同,其中 θ_0 被称为截距(intercept)。

本例中,首先应从 exam.txt 中读入数据,参考线性回归的工具实现部分。

```
> data<-read.table(file=file.choose(),header=T)
```

然后调用 glm()函数,并展示运算结果:

```
> exam<-glm(P~T,family=binomial,data=data)
> summary(exam)
```

运算结果为：

```
Call:
glm(formula=P ~ T,family=binomial,data=data)

Deviance Residuals:
   Min        1Q         Median        3Q         Max
-1.66209   -0.07393    -0.00224     0.01645     1.41964

Coefficients:
              Estimate     Std.Error    z value     Pr(>|z|)
(Intercept)  -21.1206      12.6501      -1.670       0.0950.
T              0.4113       0.2474       1.663        0.0964.
---
Signif.codes: 0 '***' 0.001 '**' 0.01 '*' 0.05 '.' 0.1 ' ' 1

(Dispersion parameter for binomial family taken to be 1)

Null deviance:      34.6173   on 24   degrees of freedom
Residual deviance:   7.1514   on 23   degrees of freedom
AIC:11.151

Number of Fisher Scoring iterations:8
```

结果中，Coefficients 部分 Estimate 一列为所需答案，即 $\theta_0 = -21.1206$，$\theta_1 = 0.4113$，由公式(2-8)可知预测函数为：

$$y = \frac{1}{1 + e^{21.1206 - 0.4113x}}$$

2. MATLAB 实现

R 语言中可以使用 glm()函数实现逻辑回归，类似地，MATLAB 中也有广义线性模型 glmfit()函数来实现逻辑回归。在 MATLAB 的命令行中输入 help glmfit 可查阅关于函数 glmfit()的详细说明和应用实例。

与线性回归部分相同，使用 load 命令读入数据文件。数据文件仍然是 exam.txt，由于 MATLAB 不接受表头，将 exam.txt 的表头 T、P 去掉，读入文件。

```
>> load /Users/longfei/Desktop/exam.txt
```

MATLAB 会将 exam.txt 文件中的数据读入并自动保存在名为 exam 的变量中，此时的 exam 为一个 25 行、2 列的矩阵。第一列为学生的学习时间，第二列为对应的是否通过考试的逻辑判断（0 或 1）。

然后将 exam 的第一列赋值给 x，第二列赋值给 y。

```
>> x=exam(:,1);
>> y=exam(:,2);
```

调用 MATLAB 中广义线性模型函数 glmfit() 如下：

```
>>  theta=glmfit(x,y,'binomial','logit')
theta =
 -21.1206
  0.4113
```

glmfit 中的 binomial 与 R 语言 glm 函数中的 binomial 意义相同，logit 表示 logit 模型，其函数形式为 Sigmoid 函数。需要说明的是，R 语言和 MATLAB 中 binomial 分布默认采用 logit 模型，故此参数可以缺省，也即使用 glmfit(x,y,'binomial') 依然可以得出正确的结果。

结果中向量 theta 为所需答案，即 $\theta_0=-21.1206$，$\theta_1=0.4113$，与使用 R 得出的结果相同。

3. Python 实现

用 Python 解决逻辑回归问题需要用到 sklearn 中的 LogisticRegression 函数，与线性回归类似，首先需要将数据从文件 exam.txt 中读出，然后将其赋值给两个变量，再进行回归运算，具体代码如下。

```
1 from sklearn.linear_model import LogisticRegression
2 import numpy as np
3 data=[]
4 for l in open("./exam.txt"):
5    row=[float(x) for x in l.split()]
6    if len(row) > 0:
7        data.append(row)
8 x=[l[0] for l in data]
9 y=[l[1] for l in data]
10 exam=LogisticRegression (C=1e5,solver='newton-cg')
11 x=np.array(x)
```

```
12 x=x.reshape(-1,1)
13 exam.fit(x,y)
14 print (exam.intercept_,exam.coef_)
```

运行结果为:

```
(array([-21.12023609]),array([[ 0.41133549]]))
[Finished in 1.0s]
```

与线性回归部分类似,代码第 4~7 行为从文件中读取数据,data 为 25 * 2 的矩阵;第 8~9 行将 data 的第 1 列和第 2 列分别赋值给 x 和 y;由于 LogisticRegression 支持多维逻辑回归,需要将向量 x 转化为一个矩阵,第 11 行和第 12 行进行的就是这个工作,读者可在第 12 行后添加 print(x)语句来观察转化后的 x;第 13 行计算逻辑回归,intercept 和 coef 参数分别为 θ_0 和 θ_1。可见 LogisticRegression 计算得出的值与 R 和 MATLAB 计算的基本相同。

2.3 本章小结

本章首先介绍了回归的概念及其名字的由来。以生物学家 Galton 所研究的父子身高问题为例介绍了线性回归的基本原理,讲述了线性回归的两种求解方法:梯度下降法和正规方程法,并用 R、MATLAB 和 Python 三种工具求解了父子身高问题。随后以学生考试问题为例介绍了逻辑回归的基本原理,给出了逻辑回归问题求解的过程,并用 R、MAT-LAB 和 Python 三种工具解决了学生考试问题。

参考文献

[1] 周志华. 机器学习[M]. 北京:清华大学出版社,2016:53-57.

[2] http://deeplearning. stanford. edu/wiki/index. php/UFLDL_Tutorial

[3] https://en. wikipedia. org/wiki/Linear_regression

[4] https://en. wikipedia. org/wiki/Logistic_regression

第3章
人工神经网络

> 忽一日，长史杨仪入告曰："即今粮米皆在剑阁，人夫牛马，搬运不便，如之奈何？"孔明笑曰："吾已运谋多时也。前者所积木料，并西川收买下的大木，教人制造木牛流马，搬运粮米，甚是便利。牛马皆不水食，可以昼夜转运不绝也。"
>
> ——《三国演义·木牛流马》

以上这段文字出自《三国演义》第 102 回"司马懿占北原渭桥 诸葛亮造木牛流马"，讲的是诸葛亮造出木牛流马解决蜀军粮草运输困难的故事。木牛流马的故事正史《三国志·诸葛亮传》中也有记载："亮性长于巧思，损益连弩，木牛流马，皆出其意。"

关于木牛流马到底是什么，从古至今猜测颇多。近些年很多人认为木牛流马不过是独轮推车而已。笔者个人并不认同这个观点，因为如果是独轮推车这么简单的话，三国演义中不会被蜀军众将拜伏，三国志中也没必要记载。央视 1994 年版"三国演义"中关于木牛流马的形象是跟随在蜀兵身后缓缓而行的四足木兽，个人认为是比较符合木牛流马原型的。笔者猜测，历史上的木牛流马极有可能是发条驱动的木制机械。

类似于木牛流马的机械，中国古代还有很多。《墨经·鲁问》中记载："公输子削竹木以为鹊……三日不下。"说的是鲁班曾经造过一只木鸟，可以在空中飞行三天。《列子·汤问》中记载过一个更神奇的故事。有一位名叫偃师的巧匠，以皮革、木头等物造出了一名可以唱歌跳舞的人偶，令周穆王误以为是真人。墨子和鲁班听说这件事后，终身不敢谈论技艺。

以上记载虽然可能有夸张的成分，但都可以视为古人在机器人领域的探索。古时的这些自动机械与现今的智能机器人当然完全是两个概念，它们只是利用机械的联动来完成一些复杂的任务而已，可以被归为机关术一类。而现代的智能设备，无论是无人驾驶汽车还是刚刚战胜世界顶级棋手李世乭的 AlphaGo 机器人，都可以模仿人类的决策和判断等智能行为。这些智能设备的背后都有人工神经网络这种工具的支持,本章即介绍人工神经网络的原理和应用。

如果将我们所处的环境和接触的客体统称为"模式"的话,对模式的识别是人类智能的重要体现。事实上,人脑最擅长的事情之一就是模式识别,尤其是对光学信息和声学信息的识别。例如人类可以在极短的时间内识别出熟人的面庞和声音,对各种不同的笔迹进行准确的辨识等。人类对模式识别的应用非常广泛,以至于某些复杂的决策过程,也可以归结为模式识别。张钹院士在地平线机器人科技公司清华大学宣讲会上提到,剥去繁杂的外衣,围棋的博弈也可视为模式识别的过程,高超的棋手可以识别棋型的细微变化,从而做出正确的弈棋决策。

以上对于影音图文的模式识别,都可通过神经网络来实现。神经网络中,监督学习较容易理解,应用得也比较广泛。时任百度首席科学家的吴恩达教授在接受《财富》杂志采访时指出:"目前,几乎所有由人工智能创造的经济价值都来自监督学习技术。""深度学习的一大局限是,它所创造的几乎所有价值都来自'从输入到输出映射'的方法。"这两句话从另一个侧面说明了监督学习在当前深度学习领域的重要性。监督学习中,第 2 章讲到的回归和本章所要讲的神经网络本质是一样的,都是给定一个有标签的样本集,学习输入到输出映射的过程。具体可以分成 3 个步骤:

步骤 1:寻找一个可代表总体的样本集。

步骤 2:以样本集数据做训练求得输入输出关系。

步骤 3:对新的输入预测输出。

本章所讲的神经网络主要属于有监督学习范畴,通过训练可完成对特定模式,如手写数字等的识别。首先阐述神经网络的工作原理,然后给出具体实例。如 1.2 节基本概念部分提到的,感知机是神经网络组成的基本单元,本章即先从感知机的原理讲起。

3.1 Rosenblatt 感知机

如前所述,感知机的发明者 Rosenblatt 是康奈尔大学航天实验室的一位资深心理学家。感知机在神经网络发展史上是一个里程碑式的发明,它是首个从算法上完整描述的神经网络。Rosenblatt 以硬件实现了感知机,命名为 Mark I,它可对输入像素矩阵中的简单形状进行正确分类,可视为最早的笔迹识别系统。

感知机是如何做到这一点的呢? 其结构在 1.2 节的基本概念部分已有概述。图 3.1 所示为 Rosenblatt 感知机的结构。

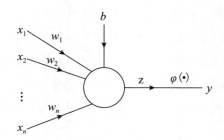

图 3.1　Rosenblatt 感知机结构

其中,$x_1,\cdots,x_n$ 为输入,$w_1,\cdots,w_n$ 为输入相应的权值。b 为偏置,$z=w_1x_1+w_2x_2+\cdots+w_nx_n+b$,$\varphi(\cdot)$ 为激活函数或称硬限幅器,y 为输出,有 $y=\varphi(z)$。大多数教材中 $\varphi(\cdot)$ 选取如下:

$$\varphi(z)=\begin{cases}1,z\geqslant0\\-1,z<0\end{cases} \tag{3-1}$$

这一点与之前所述略有不同。但无论激活函数如何设计,输入$(x_1,\cdots,x_n)$都会被分为两类,若输出 $y=1$,则$(x_1,\cdots,x_n)\in\varepsilon_1$,若输出 $y=-1$,则$(x_1,\cdots,x_n)\in\varepsilon_2$。为了简化起见,假设 $x_0=1,w_0=b$,即可将 z 改写为 $z=w_0x_0+w_1x_1+\cdots+w_nx_n=\sum_{i=0}^{n}w_ix_i$ 或写为向量点积形式 $z=\vec{w}\cdot\vec{x}$。

从几何的角度来看,如果将$(x_1,\cdots,x_n)$视作 n 维空间 R^n 中的一个点,$\vec{w}=(w_0,w_1,\cdots,w_n)$ 一定时,$\vec{w}\cdot\vec{x}=0$ 为 R^n 中的一个超平面。若点$(x_1,\cdots,x_n)$使得$\sum_{i=0}^{n}w_ix_i>0$,则此点落在超平面 $\vec{w}\cdot\vec{x}=0$ 上方,属于类 ε_1;若点$(x_1,\cdots,x_n)$使得$\sum_{i=0}^{n}w_ix_i<0$,则此点落在超平面 $\vec{w}\cdot\vec{x}=0$ 下方,属于类 ε_2;若点$(x_1,\cdots,x_n)$使得$\sum_{i=0}^{n}w_ix_i=0$,则此点位于超平面 $\vec{w}\cdot\vec{x}=0$ 上,按照公式(3-1)的定义,可视为属于类 ε_1。$\vec{w}\cdot\vec{x}=0$ 又称为决策平面。

回想 1.2 节所述的分类问题,n 维空间中,有 p 个点属于类 ε_1,q 个点属于类 ε_2,即 $\vec{x}^{(1)},\vec{x}^{(2)},\cdots,\vec{x}^{(p)}\in\varepsilon_1$;$\vec{x}'^{(1)},\vec{x}'^{(2)},\cdots,\vec{x}'^{(q)}\in\varepsilon_2$,若∃超平面 $\vec{w}\cdot\vec{x}=0$ 将类 ε_1 和类 ε_2 完全分开,找出这样的超平面可以使得后续数据点明确知道自己属于哪一类。这是一个典型的分类问题,使用有监督的学习方式。给出的 $p+q$ 个点的数据点集就是样本集,目标是调整权

值 $\vec{w}$ 使得超平面 $\vec{w} \cdot \vec{x} = 0$ 将类 ε_1 和类 ε_2 分开，寻找权值 $\vec{w}$ 的过程就是 Rosenblatt 感知机的训练过程，得到的超平面可以对后续的输入点进行分类。

3.1.1　训练方法

感知器训练的目的在于调整权值 $\vec{w}$ 使得超平面 $\vec{w} \cdot \vec{x} = 0$ 能够正确区分训练集中属于类 ε_1 和类 ε_2 的样本点。也就是说，$\forall \vec{x}^{(i)} \in \varepsilon_1, y = \varphi(\vec{w} \cdot \vec{x}^{(i)}) = 1$；$\forall \vec{x}'^{(j)} \in \varepsilon_2, y = \varphi(\vec{w} \cdot \vec{x}'^{(j)}) = -1$。由于最初并不知道超平面如何选取，$\vec{w}$ 可选取一个随机初始值。然后从初始值开始，对于训练集中的每一个样本点，若 $\vec{w}$ 可使超平面 $\vec{w} \cdot \vec{x} = 0$ 对其正确分类，则不修改权值；若 $\vec{w}$ 不能使超平面 $\vec{w} \cdot \vec{x} = 0$ 对其正确分类，则更新权值 $\vec{w}$ 使得 $\vec{w} \cdot \vec{x} = 0$ 可对其进行正确分类，重复此过程使得超平面 $\vec{w} \cdot \vec{x} = 0$ 对训练集中的每一个点都可以正确分类。这就是感知器训练的基本思想。

具体方法为，对于某一个点 $\vec{x}^{(i)}$，若 $\vec{x}^{(i)} \in \varepsilon_1$ 且 $y = \varphi(\vec{w} \cdot \vec{x}^{(i)}) = 1$；或 $\vec{x}^{(i)} \in \varepsilon_2$ 且 $y = \varphi(\vec{w} \cdot \vec{x}^{(i)}) = -1$，则说明平面 $\vec{w} \cdot \vec{x} = 0$ 可以正确划分点 $\vec{x}^{(i)}$，无须调整权值。若 $\vec{x}^{(i)} \in \varepsilon_1$ 但 $y = \varphi(\vec{w} \cdot \vec{x}^{(i)}) = -1$ 或 $\vec{x}^{(i)} \in \varepsilon_2$ 但 $y = \varphi(\vec{w} \cdot \vec{x}^{(i)}) = 1$，则平面 $\vec{w} \cdot \vec{x} = 0$ 不能正确划分点 $\vec{x}^{(i)}$，需要调整权值。第一种情况需要调整 $\vec{w}$ 使得 $\vec{w} \cdot \vec{x}^{(i)} \geqslant 0$，第二种情况则需要调整 $\vec{w}$ 使得 $\vec{w} \cdot \vec{x}^{(i)} < 0$，将所有情况综合考虑，可使用

$$\vec{w}(k+1) = \vec{w}(k) + \Delta \vec{w}(k) \tag{3-2}$$

其中

$$\Delta \vec{w}(k) = \alpha(s - y)\vec{x}(k)$$

与回归问题相似，$\vec{w}(k)$ 为迭代第 k 步的 $\vec{w}$，α 为学习率且 $\alpha > 0$，s 为训练样例的目标输出，y 为感知器的输出。$\vec{x}(k)$ 为第 k 个使得平面误划分的输入，但未必是第 k 个误划分的点，因为针对一个点可能会进行多次权值调整。可见，当目标输出与感知器输出相同时 $s = y$，$\Delta \vec{w}(k) = 0$，不需要更新权值。

$s = 1$ 而 $y = -1$ 时需要增加 $\vec{w} \cdot \vec{x}$ 的值，使之最终大于等于 0，考察 $\vec{w}(k) \cdot \vec{x}(k)$ 和 $\vec{w}(k+1) \cdot \vec{x}(k)$，$\vec{w}(k+1) = \vec{w}(k) + \alpha(s-d)\vec{x}(k)$，那么

$$\vec{w}(k+1) \cdot \vec{x}(k) = (\vec{w}(k) + \alpha(s-d)\vec{x}(k))\vec{x}(k) = \vec{w}(k) \cdot \vec{x}(k) + \alpha(s-d)||\vec{x}(k)||^2$$

其中，$||\vec{x}(k)||^2$ 为 $\vec{x}(k)$ 的欧几里得范数，显而易见，$\vec{w}(k+1) \cdot \vec{x}(k) > \vec{w}(k) \cdot \vec{x}(k)$。

同理，当 $s = -1$ 而 $y = 1$ 时需要减小 $\vec{w} \cdot \vec{x}$ 的值，使之最终小于 0，考察 $\vec{w}(k) \cdot \vec{x}(k)$ 和 $\vec{w}(k+1) \cdot \vec{x}(k)$，同样有

$$\vec{w}(k+1) \cdot \vec{x}(k) = (\vec{w}(k) + \alpha(s-d)\vec{x}(k))\vec{x}(k) = \vec{w}(k) \cdot \vec{x}(k) + \alpha(s-d)||\vec{x}(k)||^2$$

显而易见,$\vec{w}(k+1) \cdot \vec{x}(k) < \vec{w}(k) \cdot \vec{x}(k)$。

公式(3-2)阐释的是感知机训练算法。以二维空间的点为例,如果训练集线性可分,如图 3.2(a)所示,可证明此算法必定收敛;若线性不可分,如图 3.2(b)所示,则算法不收敛。在下一节中将会给出感知机训练算法的实例。

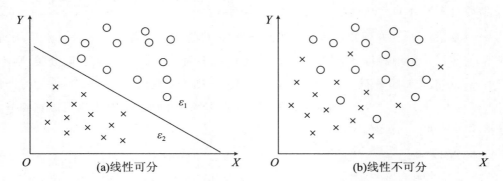

图 3.2　二维空间线性可分与不可分实例

3.1.2　算法实例

本节选取了二维空间中一个线性可分的训练点集来验证感知机训练方法,此训练集包含 9 个样本点,分别属于集合 ε_1 和 ε_2。其中 $(-1,3),(1,1),(2,3),(3,2),(5,4) \in \varepsilon_1$,$(-2,1),(-3,-1),(1,-1),(-1,-2) \in \varepsilon_2$,如图 3.3 所示。

凡是 ε_1 中的点,目标输出 $s=1$,标记为圆圈,ε_2 中的点,目标输出 $s=-1$,标记为叉号。决策平面形如 $w_0 x_0 + w_1 x_1 + w_2 x_2 = 0$,其中 $x_0=1$,$w_0=b$,算法的实施步骤如下:

步骤 1:为 w_0,w_1,w_2 设定一个初值,为样本点集指定一个序列。

步骤 2:按照指定的序列依次考察样本点,若 $s=y$,则跳过此点,否则按照公式(3-2)迭代更新 w_0,w_1,w_2 直至此点 $s=y$。

步骤 3:若序列中没有 $s \neq y$ 的点,则算法收敛,输出 w_0,w_1,w_2,否则重复步骤 2。

按照算法的实施步骤,分别编写 R、MATLAB 和 Python 程序。

1. R 语言实现

R 语言的实现代码如下。

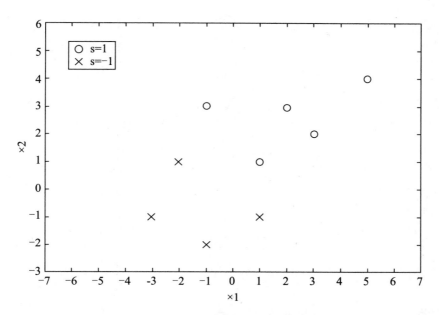

图 3.3 二维空间点集实例

```
data<-matrix(c(-1,3,1,  1,1,1,  2,3,1,  3,2,1,  5,4,1,  -2,1,-1,  -3,-1,-1,  1,
-1,-1,  -1,-2,-1),nrow=9,ncol=3,byrow=TRUE);

n  <-0;  # 正确划分点个数
i  <-0;  # 样本点循环指针

b  <-0;  # w0 初始值
w1 <-0;  # w1 初始值
w2 <-0;  # w2 初始值

alpha<-0.1; # 学习率

while( n ! =9 )
{
  i<-ifelse( i % % 9==0,i % % 9 + 1,i % % 9);

  y<-ifelse( b+w1*data[i,1]+w2*data[i,2] >=0,1,-1);  # 硬限幅器

  if( y==data[i,3] ) # 该点被正确划分
  {
```

```
    i=i+1;
    n=n+1;
  }
  else                    # 该点未被正确划分
  {
    n=0;
    while( y !=data[i,3] )
    {
      y  <-ifelse( b+w1*data[i,1]+w2*data[i,2] > =0,1,-1);
      b  <-b  +alpha*(data[i,3]-y);                    # 更新 w 的值
      w1<-w1+alpha*(data[i,3]-y)*data[i,1];
      w2<-w2+alpha*(data[i,3]-y)*data[i,2];
    }
    i=i+1;
    n=n+1;
  }
}

print(c("b=",b));
print(c("w1=",w1));
print((c"w2=",w2));
```

运行结果如下：

```
[1] "b=" "-0.4"
[1] "w1=" "0.4"
[1] "w2=" "0.4"
```

2. MATLAB 实现

MATLAB 的实现代码如下。

```
clear all
data=[-1,3,1; 1,1,1; 2,3,1; 3,2,1; 5,4,1;-2,1,-1;-3,-1,-1; 1,-1,-1;-1,-2,-1];

n =0;      % 正确划分点个数
i =0;      % 样本点循环指针

b =0;      % w0 初始值
w1 =0;     % w1 初始值
w2 =0;     % w2 初始值
```

```
alpha=0.1;%  学习率

while n 〜=9
    i=mod(i,9);
    if b+w1*data(i+1,1)+w2*data(i+1,2) >=0 %  硬限幅器
            y=1;
    else
            y=-1;
    end

    if y==data(i+1,3))    %  该点被正确划分
            i=i+1;
            n=n+1;
    else                    %  该点未被正确划分
            n=0;
            while y 〜=data(i+1,3)        %  更新 w 的值
                if b+w1*data(i+1,1)+w2*data(i+1,2) > =0
                    y=1;
                else
                    y=-1;
                end
                b  =b  +alpha*(data(i+1,3)-y)
                w1=w1+alpha*(data(i+1,3)-y)*data(i+1,1)
                w2=w2+alpha*(data(i+1,3)-y)*data(i+1,2)
            end
            i=i+1;
            n=n+1;
    end
end

b
w1
w2
```

运行结果为：

```
b=
  -0.4000
w1=
   0.4000
w2=
   0.4000
```

3. Python 实现

Python 的实现代码如下。

```
# coding:UTF-8
data=[[-1,3,1],[1,1,1],[2,3,1],[3,2,1],[5,4,1],[-2,1,-1],[-3,-1,-1],[1,-1,-1],
[-1,-2,-1]]
n=0  #  正确划分点个数
i=0  #  样本点循环指针

b=0    #  w0 初始值
w1=0   #  w1 初始值
w2=0   #  w2 初始值

alpha=0.1 # 学习率

while n !=9:
    i=i % 9
    if b+w1*data[i][0]+w2*data[i][1] > =0:# 硬限幅器
        y=1
    else:
        y=-1

    if y==data[i][2]:   # 该点被正确划分
        i=i+1
        n=n+1
    else:                    # 该点未被正确划分
    n=0
    while y !=data[i][2]:        # 更新 w 的值

        if b+w1*data[i][0]+w2*data[i][1] > =0:
            y=1
        else:
            y=-1

        b=b+alpha*(data[i][2]-y)
        w1=w1+alpha*(data[i][2]-y)*data[i][0]
        w2=w2+alpha*(data[i][2]-y)*data[i][1]
    i=i+1
    n=n+1

print ("b=% f" % b)
print ("w1=% f" % w1)
print ("w2=% f" % w2)
```

运行结果为：

```
b=-0.400000
w1=0.400000
w2=0.400000
[Finished in 0.1s]
```

以 Python 的实现代码为例，data 存储二维空间训练集中 9 个样本点的坐标和归属状况，是一个元素为三元组的嵌套列表。data 中每一个元素形如 $[x_1, x_2, s]$，其中 (x_1, x_2) 为样本点的坐标，s 为样本点的目标输出，$s=1$ 则样本点属于 ε_1，$s=-1$ 则样本点 ε_2。b, w_1, w_2 分别为感知机的参数 w_0, w_1, w_2，alpha 为学习率 α。

n 统计已经正确划分的样本点的个数，i 是样本点循环指针。针对每个样本点，考察 s 与 y 的关系，若 $s=y$，说明此样本点被正确划分，考察下一个样本点；若 $s \neq y$，则此样本点未被正确划分，采用公式(3-2)来迭代更新权值 w_0, w_1, w_2，直至该点被正确划分。

考虑到针对某个样本点修改感知机权值时可能会影响到其他样本点的划分，故在针对某个样本点修改权值时 n 必须清零，只有当某个权值(w_0, w_1, w_2)能对所有样本点正确划分时，算法才会停止，此时 $n=9$。选择 $\vec{w}=0$ 作为权值的初始值，$\alpha=0.1$ 为学习率。最终得到的划分直线如图 3.4 所示，可简化为 $x_1 + x_2 - 1 = 0$。由于 w_0, w_1, w_2 有不止一个正确解，

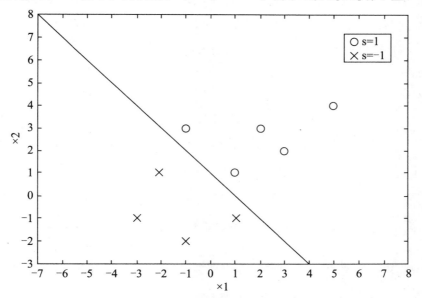

图 3.4 Rosenblatt 感知机训练结果

其最终的结果和得到结果所需的迭代次数与 w_0, w_1, w_2 的初始值和学习率 α 有关。如果让程序输出中间结果,就可以观察到权值改变的过程。

3.1.3 梯度下降

Rosenblatt 感知机训练方法可以计算线性可分的训练集的决策平面。但是很多情况下训练集并不是线性可分的,如图 3.2(b)所示。在这种情况下感知机依然可以对其进行划分。虽然不能保证每个样本点都被正确划分,但是可以使得大多数样本点被正确划分。换句话说,可以定义一个代价函数使得决策平面划分的误差最小。

在第 2 章求解回归问题时,我们曾经定义过代价函数:

$$J(\theta_0, \theta_1) = \frac{1}{m} \sum_{i=1}^m \frac{(h_\theta(x^{(i)}) - y^{(i)})^2}{2}$$

其中 m 为数据点个数,$h_\theta(x^{(i)})$ 为数据点的拟合函数输出,$y^{(i)}$ 为数据点的目标输出。$J(\theta_0, \theta_1)$ 为数据点和拟合直线之间的差距。

类似地,可以定义 Rosenblatt 感知机的代价函数:

$$J(\vec{w}) = \frac{1}{m} \sum_{i=1}^m \frac{(s^{(i)} - y^{(i)})^2}{2} \tag{3-3}$$

其中 $s^{(i)}$ 为第 i 个训练样例的目标输出,$y^{(i)}$ 为第 i 个训练样例的感知器输出,m 为数据点个数。在回归部分已经讲到,梯度下降法可以求得代价函数的最小值,仍以图 3.1 的 Rosenblatt 感知机模型为例,$(x_1, \cdots, x_n)$ 为输入,训练集中 m 个样本点如下。

$$(x_1^{(1)}, x_2^{(1)}, \cdots, x_n^{(1)}, s^{(1)}), (x_1^{(2)}, x_2^{(2)}, \cdots, x_n^{(2)}, s^{(2)}), \cdots, (x_1^{(m)}, x_2^{(m)}, \cdots, x_n^{(m)}, s^{(m)})$$

参考公式(2-6)可得权值 w 的迭代更新公式为:

$$
\begin{aligned}
w_0(i+1) &= w_0(i) - \alpha \cdot g_0(w_0(i)) \\
w_1(i+1) &= w_1(i) - \alpha \cdot g_1(w_1(i)) \\
&\vdots \\
w_n(i+1) &= w_n(i) - \alpha \cdot g_n(w_n(i))
\end{aligned}
\tag{3-4}
$$

其中,$w_j(i)$ 为迭代第 i 步的 w_j,α 为学习率且 $\alpha > 0$,$g_0(w_0) = \frac{\partial}{\partial w_0} J(\vec{w})$,$g_1(w_1) = \frac{\partial}{\partial w_1} J(\vec{w})$,$g_n(w_n) = \frac{\partial}{\partial w_n} J(\vec{w})$。因此,无论训练集中的 m 个样本点是否线性可分,都可以用公式(3-4)迭代更新求出 $\vec{w}$ 值。

3.2　人工神经网络

人工神经网络是一种仿生式模型构建,在一定程度上受到了人脑神经网络的启发。人的大脑由脑核、脑缘和脑皮质组成。脑核主要负责心跳、呼吸、睡眠、运动等人类基本日常生活的控制;脑缘负责情绪、记忆等功能的实现以及体温、血压等体征的调节;而脑皮质则主要负责认知功能。可以说人类的学习和认知能力主要是由脑皮质实现的。

脑皮质又由内外两层构成:灰色的外层和白色的内层。灰色的外层又称为"灰质",灰质中紧密地排布着 10^{11} 量级的神经元,每个神经元通过一种称为轴突的连接与 10^4 量级的神经元相连。轴突储藏于大脑的白色内层(也称为"白质")中。神经元的另一端为树突,树突为神经元的接受区域,与其他神经元的轴突末端连接,或直接感知外界信号。整个神经细胞由树突-神经元-轴突三部分组成,神经细胞之间层级相连形成网状结构即所谓的神经网络,神经网络是人类认知的主要工具。

具体来说,大脑的神经细胞有两种状态:兴奋和抑制,基本原理为神经细胞接收树突上传来的所有信号,并进行叠加,若电位超过某阈值,则神经细胞进入兴奋状态。神经网络利用所有神经元的兴奋和抑制状态对外界事物进行感知。

单个神经元的作用非常有限,但是庞大数量的神经元组成网络以后,功能非常强大。脑神经网络具有冗余性、高并行性并擅长归纳推广。所谓的冗余性指的是脑神经网络在很大一部分受到破坏后仍然能够完成特定的任务;高并行性指的是整个神经网络以并行方式工作,处理图像等大数据量的信息效率极高;擅长归纳推广指的是神经网络可以根据已经习得的知识轻松辨识出类似的模式,也就是模式识别。

人工神经网络借鉴了脑神经网络的原理,自然也具有了脑神经网络的功能和特性,是模式识别的一柄利器。自 20 世纪 80 年代以来,人工神经网络得到了长足的发展。同感知机类似,人工神经网络也用来模拟一个函数,此函数通常是非线性的,具有大量的输入,并且难以被计算。

3.2.1　网络架构

如 1.2 节所述,人工神经网络可视为感知机的层级相连,分为输入层、隐藏层和输出层三个部分。图 3.5 是一个典型的神经网络,共有两个隐藏层。信号由输入层进入神经网络,网络的层间是全连接的。如果将输入信号源也视为节点的话,任意层上的一个节点与下一层上的所有节点连接。也可以说任意层上的一个节点与之前层上的所有节点都相连。信号由输入层开始,由左向右依次传播,直至输出层。

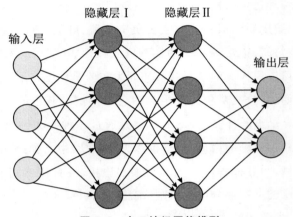

图 3.5　人工神经网络模型

　　除输入层外,网络的每一个节点都是类似 3.1 节所述的感知机,或称神经元。神经元将上层每个神经元的输出乘以边权值作为自己的输入,所有输入之和加上偏置通过激活函数形成输出。与感知机类似,神经网络也多使用有监督学习模式,学习的参数就是各条边的连接权值。

　　训练 Rosenblatt 感知机可对线性可分的数据集进行分类,可视为一个分类器。人工神经网络也可用作分类器,这个分类器的功能要强大得多,可以进行模式识别,如中国搜索识图频道中对图片中物体的识别(网址:shitu.chinaso.com)。当然,识别出的物体一定是训练集中涵盖的物体。

3.2.2　训练方法[①]

　　以有监督学习模式运行的神经网络其实并不玄妙,其一切魔力来自于通过训练集中的

---

　　① 本节主要参考《神经网络与机器学习(原书第 3 版)》,Simon Haykin 著,申富饶、徐烨、郑俊、晁静译,机械工业出版社,4.4 节。提醒读者注意的是,该部分第 82 页的公式(4.15)和公式(4.16)有误,都少了负号,导致后文公式(4.25)和公式(4.26)等一连串错误,其实如果将公式(4.17)的定义改为与公式(4.16)一致,则公式(4.26)正确,读者可自行推导。

数据调整网络中的边权值,从而使得其能够对训练集中的数据进行正确分类的过程。这与感知机原理上没有什么不同,只不过前面所述的 Rosenblatt 感知机只可以对空间中线性可分的点进行分类,而神经网络可以对图片中的物体进行识别;可以对各种不同的声音进行识别;可以对各类手写字体进行识别,其本质上也是一种分类过程。

给定训练集,调整神经网络的参数使得训练数据通过神经网络得到的输出与相应的标记误差最小。这就是有监督神经网络的学习过程,也是所有有监督学习的通用方法。如何计算神经网络的参数使得输出与标记的误差最小,这是神经网络解决分类问题的关键。到目前为止,使用最多的算法为反向传播(Back Propagation,BP)算法,或简称 BP 算法。1986 年 Rumelhart 和 McClelland 首次在其专著 *Parallel Distributed Processing* 中对 BP算法进行了详尽阐述,从此 BP 算法得到广泛使用。

反向传播训练方法的提出是一个里程碑式的事件,多层神经网络从此有了高效的解决算法。以下将对 BP 算法进行简要阐述,在阐述原理之前,需要对图 3.5 所示的神经网络进行抽象。假设神经网络中有一神经元 j,整个神经网络的训练集 $T=\{(x^{(1)},s^{(1)}),(x^{(2)}, s^{(2)}),\cdots,(x^{(M)},s^{(M)})\}$,有 M 个训练样例,$x^{(i)}$ 为输入信号,$s^{(i)}$ 为期望输出。第 m 个训练样例 $(x^{(m)},s^{(m)})$ 通过神经元 j 时如图 3.6 所示。

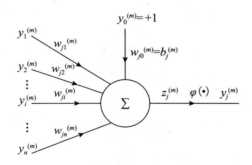

图 3.6　神经元 j 信号图

由图 3.6 可知,神经元 j 有 n 个输入,分别为 $y_1^{(m)},\cdots,y_i^{(m)},\cdots,y_n^{(m)}$,其中 $y_i^{(m)}$ 为神经元 j 前一层的第 i 个神经元的输出,神经元 i 与神经元 j 的连接权值为 $w_{ji}^{(m)}$(注意下标顺序,这样写是为了方便后面对误差反向传播的计算)。同样为了方便表示,神经元 j 的偏置 $b_j^{(m)}$可表示为恒定输入 $y_0^{(m)}=1$ 乘以可调整的边权值 $w_{j0}^{(m)}$。由图可知:

$$z_j^{(m)}=\sum_{i=0}^{n} w_{ji}^{(m)} \cdot y_i^{(m)} \tag{3-5}$$

$$y_j^{(m)}=\varphi(z_j^{(m)}) \tag{3-6}$$

训练集中 $x^{(m)}$ 为第 m 个样例的输入,$x^{(m)}$ 为一个向量,形如 $(x_1^{(m)}, x_2^{(m)}, \cdots, x_P^{(m)})$,$P$ 为输入层节点个数;$s^{(m)}$ 为第 m 个样例的目标输出,形如 $(s_1^{(m)}, s_2^{(m)}, \cdots, s_Q^{(m)})$,$Q$ 为输出层节点个数,参考图 3.5。因此,对于样例 m,若神经元 j 为输出层第 j 个神经元,则其产生的误差 $e_j^{(m)}$ 为:

$$e_j^{(m)} = s_j^{(m)} - y_j^{(m)} \tag{3-7}$$

其中 $s_j^{(m)}$ 为神经元 j 上的目标输出,$y_j^{(m)}$ 为神经元 j 上的实际输出,因此样例 m 的误差 $J^{(m)}$ 可定义为:

$$J^{(m)} = \frac{1}{2} \sum_{j \in O} (e_j^{(m)})^2 \tag{3-8}$$

其中 O 为输出层所有神经元的集合。对于每个训练样例 m,总是希望 $J^{(m)}$ 尽可能小。可以看出,此处的 $J^{(m)}$ 类似于第 2 章回归问题中的代价函数 $J(\theta)$,但是在多层神经网络中,$J^{(m)}$ 难以表示成权值 w 的函数。虽然如此,我们的目标还是调整权值 w 使得 $J^{(m)}$ 尽量小,这一点又与 Rosenblatt 感知机的权值调整法则类似。

利用梯度下降法的思想,w_{ji} 调整的方向应该是 $J^{(m)}$ 梯度下降的方向,也即 $-\partial J^{(m)}/\partial w_{ji}^{(m)}$,根据微分链式法则有:

$$\frac{\partial J^{(m)}}{\partial w_{ji}^{(m)}} = \frac{\partial J^{(m)}}{\partial e_j^{(m)}} \cdot \frac{\partial e_j^{(m)}}{\partial y_j^{(m)}} \cdot \frac{\partial y_j^{(m)}}{\partial z_j^{(m)}} \cdot \frac{\partial z_j^{(m)}}{\partial w_{ji}^{(m)}} \tag{3-9}$$

根据公式(3-8)可得 $\partial J^{(m)}/\partial e_j^{(m)} = e_j^{(m)}$,根据公式(3-7)可得 $\partial e_j^{(m)}/\partial y_j^{(m)} = -1$,根据公式(3-6)可得 $\partial y_j^{(m)}/\partial z_j^{(m)} = \varphi'(z_j^{(m)})$,根据公式(3-5)可得 $\partial z_j^{(m)}/\partial w_{ji}^{(m)} = y_i^{(m)}$。因此,$\partial J^{(m)}/\partial w_{ji}^{(m)}$ 可表示为:

$$\frac{\partial J^{(m)}}{\partial w_{ji}^{(m)}} = -e_j^{(m)} \varphi'(z_j^{(m)}) y_i^{(m)} \tag{3-10}$$

推导出公式(3-10),好像就可以得到 $w_{ji}^{(m)}$ 的更新法则了。确实,参照梯度下降法的权值更新思想:

$$\Delta w_{ji}^{(m)} = -\alpha \frac{\partial J^{(m)}}{\partial w_{ji}^{(m)}} \tag{3-11}$$

公式(3-11)与回归部分参数 θ 的更新公式(2-3)十分类似,其中 α 为学习率。那么公式(3-10)是否可以直接求得 $J^{(m)}$ 的梯度呢?显而易见,公式(3-10)中 $y_i^{(m)}$ 和 $\varphi'(z_j^{(m)})$ 都可直接求得。$e_j^{(m)}$ 为输出层第 j 个神经元所产生的误差,当 j 为输出层神经元时,依据公式(3-7)可直接求出 $e_j^{(m)}$。若 j 不是输出层神经元,则 $e_j^{(m)}$ 可以理解为神经元 j 导致输出层神经元产生的误差,但是依据定义无法直接计算。因此,当 j 不是输出层神经元时,需要单独讨论。

1. 非输出层神经元 j

当神经元 j 不处于输出层时,$e_j^{(m)}$ 已经无法直接计算,但与 j 相连的前一层神经元 i 的输出 $y_i^{(m)}$ 总是直接影响 $z_j^{(m)}$,再通过神经元 j 的输出 $y_j^{(m)}$ 来间接影响 $J^{(m)}$。假设神经元 j 处于输出层的前一层,也就是说,神经元 j 所连接的都是输出层神经元,标记为 k,如图 3.7 所示。

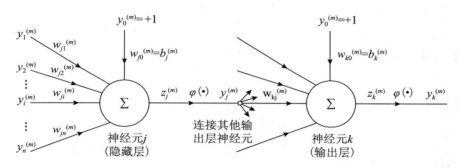

图 3.7 神经元 j 信号图(非输出层)

这样的话,要调整权值 $w_{ji}^{(m)}$ 可以定义一个变量 $\lambda_j^{(m)}$

$$\lambda_j^{(m)} = \frac{\partial J^{(m)}}{\partial z_j^{(m)}} = \frac{\partial J^{(m)}}{\partial y_j^{(m)}} \cdot \frac{\partial y_j^{(m)}}{\partial z_j^{(m)}} = \frac{\partial J^{(m)}}{\partial y_j^{(m)}} \varphi'(z_j^{(m)}) \tag{3-12}$$

其中,$\partial J^{(m)}/\partial y_j^{(m)}$ 的计算过程如下:

$$J^{(m)} = \frac{1}{2} \sum_{k \in O} (e_k^{(m)})^2 \tag{3-13}$$

O 为输出节点的集合,与公式(3-8)相同。$y_j^{(m)}$ 输入给每个输出层神经元 k,影响了所有的 $e_k^{(m)}$,因此

$$\frac{\partial J^{(m)}}{\partial y_j^{(m)}} = \sum_{k \in O} e_k^{(m)} \frac{\partial e_k^{(m)}}{\partial y_j^{(m)}} = \sum_{k \in O} e_k^{(m)} \frac{\partial e_k^{(m)}}{\partial z_k^{(m)}} \frac{\partial z_k^{(m)}}{\partial y_j^{(m)}} \tag{3-14}$$

由图 3.6 和公式(3-7)可知 $e_k^{(m)} = s_k^{(m)} - y_k^{(m)}$,而 $y_k^{(m)} = \varphi(z_k^{(m)})$,故

$$\frac{\partial e_k^{(m)}}{\partial z_k^{(m)}} = -\varphi'(z_k^{(m)}) \tag{3-15}$$

又由于

$$z_k^{(m)} = \sum_{j=0}^{n} w_{kj}^{(m)} y_j^{(m)} \tag{3-16}$$

因此

$$\frac{\partial z_k^{(m)}}{\partial y_j^{(m)}} = w_{kj}^{(m)} \tag{3-17}$$

全部带入公式(3-14)可得

$$\frac{\partial J^{(m)}}{\partial y_j^{(m)}} = -\sum_{k \in O} e_k^{(m)} \varphi'(z_k^{(m)}) w_{kj}^{(m)} \tag{3-18}$$

由于神经元 k 为输出层节点，

$$\lambda_k^{(m)} = \frac{\partial J^{(m)}}{\partial z_k^{(m)}} = \frac{\partial J^{(m)}}{\partial e_k^{(m)}} \cdot \frac{\partial e_k^{(m)}}{\partial y_k^{(m)}} \cdot \frac{\partial y_k^{(m)}}{\partial z_k^{(m)}} \tag{3-19}$$

根据公式(3-8)、公式(3-7)、公式(3-6)可得：

$$\lambda_k^{(m)} = -e_k^{(m)} \varphi'(z_k^{(m)}) \tag{3-20}$$

故公式(3-18)可写成

$$\frac{\partial J^{(m)}}{\partial y_j^{(m)}} = \sum_{k \in O} \lambda_k^{(m)} w_{kj}^{(m)} \tag{3-21}$$

故根据公式(3-12)可得

$$\lambda_j^{(m)} = \varphi'(z_j^{(m)}) \sum_{k \in O} \lambda_k^{(m)} w_{kj}^{(m)} \tag{3-22}$$

根据公式(3-11)可得

$$\Delta w_{ji}^{(m)} = -\alpha \frac{\partial J^{(m)}}{\partial w_{ji}^{(m)}} = -\alpha \frac{\partial J^{(m)}}{\partial z_j^{(m)}} \frac{\partial z_j^{(m)}}{\partial w_{ji}^{(m)}} = -\alpha \lambda_j^{(m)} y_i^{(m)} \tag{3-23}$$

可以看出，公式(3-23)是权值更新的通用公式，权值 $\Delta w_{ji}^{(m)}$ 的更新依赖于 $\lambda_j^{(m)}$，而 $\lambda_j^{(m)}$ 的计算是一个从后向前的迭代过程，依赖于输出层 $\lambda_k^{(m)}$ 的值。也就是说，若神经元 j 既不是输出层节点，也不是与输出层节点直接相连的节点，则可以根据公式(3-22)从后向前计算 $\lambda_j^{(m)}$，从而更新权值 $w_{ji}^{(m)}$，这也正是反向传播算法得名的缘由。

2. 权值更新方式与停止准则

前面已经介绍了权值 w_{ji} 的更新算法，但是，这只是针对某个训练样例 m。针对整个训练集中 M 个训练样例，如何更新权值，则涉及权值的更新方式问题。而权值更新如何停止，则涉及权值更新的停止准则，只有解决了这两个问题，才能够完成人工神经网络的一个训练过程。

根据前面的推导，最简单直接的想法是每次输入一个训练样例 m，对每个训练样例，采用前面给出的权值更新法则更新神经网络的权值，更新完毕后再输入下一个训练样例。显然,这是一个"串行"的过程。还有一种想法是神经网络读入训练集中所有的 M 个训练样例,然后以所有 $J^{(m)}$ 之和 $\sum_{m \in T} J^{(m)}$ 为代价函数,推导权值 w 更新公式,并以此更新权值。这样每次权值更新都是针对累积误差 $\sum_{m \in T} J^{(m)}$ 的优化,是一个"并行"的过程。在不同的教材中,对"串行"和"并行"更新方式的称谓不同,"串行"更新方式又被称为在线学习或者标准 BP 算法,而"并行"更新方式又被称为批量学习或者累积 BP 算法。

直观上感觉,并行更新方式明显优于串行更新方式,因为其权值的调节是针对整个训练集的累积误差,可以"一步到位"。串行方式则效率较低,而且对后续训练样例的权值更新会破坏之前训练样例的权值更新成果,造成更新过程加长。事实上,串行更新方式也并非一无是处。首先,并行更新方式需要大量的存储空间;其次,并行方式更容易陷入局部极值。这两点都是串行方式的优势所在,所以对于更新方式的选择要根据具体任务来确定。

与 Rosenblatt 感知机对线性可分数据集的更新算法不同,BP 算法无法被证明是收敛的,当然也就没有明确定义的停止准则。虽然没有明确的准则,但是可以根据任务选取一些合理的原则。例如,当梯度向量的欧氏范数小于一个阈值则算法停止,或者误差变化率小于一个阈值时算法停止。

3.2.3　算法实例

上一节已经介绍了最基础的神经网络的架构,信号从输入层开始,经过隐藏层到输出层,每一层接收上一层所有神经元的输入,并输出给下一层的所有神经元。因为整个网络中的信号没有反馈(误差信号反馈不算),这种简单的神经网络架构属于前馈神经网络(feed forward neural network),简称前馈网络。在隐藏层数目不太多的情况下,BP 算法可较好地完成前馈神经网络的训练。

接下来以一个实例来说明前馈神经网络和 BP 算法是如何解决手写数字识别问题的。手写数字识别问题可用一个单隐藏层的前馈网络实现,所需要的是两样东西:神经网络搭建工具和手写数字的训练集。

幸运的是,作为一个神经网络的经典应用,这两样东西都是现成的。有些读者会希望自己亲手写一个前馈神经网络,这样做虽然不困难,网上也有现成的样例可以参考,但是工程实现上并不提倡此种做法。尽量利用现有的工具实现自己的想法,"不要重复造轮子"是很多工程师遵循的准则。

关于神经网络的搭建工具,前面经常用到的 MATLAB、R 和 Python 中都有支持神经网络的包或者工具箱。如 MATLAB R2012b 或以上版本中的 neural net 系列工具箱，R 中的 nnet、neuralnet、AMORE 和 RSNNS 包，还有 Python 中的 Pybrain 等。经过试用，笔者认为 Pybrain 最适合初学者，代码简洁，容易上手，故本节选择 Pybrain 作为神经网络的搭建工具。

关于手写数字的训练集，最著名的要数 MNIST 数据库。MNIST 数据库是一个手写数字的巨大数据库，数据库中的图片是美国高中生和美国统计署雇员的手迹，包含了 60 000 张训练图片和 10 000 张测试图片。MINIST 数据库被广泛用于图像处理系统的训练，许多学术论文致力于在 MNIST 数据库上取得最小的错误率，但本节只是借用 MNIST 数据库完成一个简单的实验。

1. 数据准备

关于 MNIST 数据库，可以去 Yann LeCun（即 1.4 节提到的深度学习三大奠基人之一）的主页上下载，本节所使用数据库则是从 https://code.google.com/archive/p/supplement-of-the-mnist-database-of-handwritten-digits/downloads 下载的文件 t10k-images-bmp.rar，根据文件说明，此数据集是前面提到的 MNIST 中用于测试的 bmp 格式的图片，而我们将用该数据集的一部分对神经网络进行训练。

解压缩文件 t10k-images-bmp.rar 得到 10 000 张图片，每张图片以 X_X.bmp 命名，标识了手写数字和相应的编号，如图 3.8 所示。

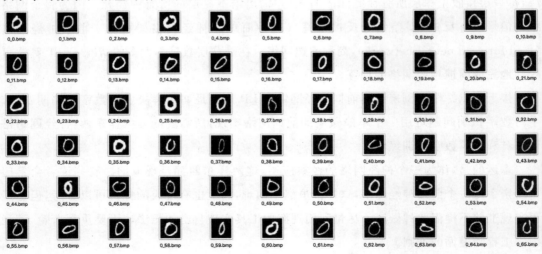

图 3.8　MNIST 测试集图片示例

观察图片的属性可知,数据集中的每张图片都是 28×28 像素。由于目前所有的图片都处于 t10k-images 文件夹下,需要按手写体数字对图片进行归类。所有图片被归入名为“0”～“9”的 10 个文件夹内,文件夹“0”包含所有手写体“0”的图片,文件夹“1”包含所有手写体“1”的图片,依此类推,每个文件夹有 800～1100 张图片。在本例中,每个文件夹只选取 800 张图片用作训练集,也即标号为 0～799 的图片,其余的图片用作测试集。

2. 工具准备

如前所述,采用 Pybrain 搭建前馈神经网络来对 MNIST 数据集进行训练。Pybrain 是 Python 的一个通用机器学习库,为机器学习任务提供灵活、易用且强大的算法。Pybrain 中实现的网络包括长短期记忆网络(Long Short Term Memory,LSTM)、循环神经网络(Recurrent Neural Network,RNN)和深度置信网络(Deep Belief Network,DBN)等。具体说明可参见 http://pybrain.org。

关于 Pybrain 的安装,可以访问 http://pybrain.org/docs,其中 Installation 部分已经讲得很清楚。需要注意的是,Pybrain 是依赖于 SciPy 和 numpy 的,在安装 Pybrain 之前需要先行安装 SciPy 和 numpy。如果按照 Installation 说明安装,还需要先安装 git 工具。

Pybrain 是一个非常简单易用的神经网络工具,对于 Pybrain 来说,搭建神经网络,添加训练样例,训练神经网络都只需要一条指令。

Pybrain 中,使用 buildNetwork()来创建神经网络,例如:

```
>>> from pybrain.tools.shortcuts import buildNetwork
>>> net=buildNetwork(5,8,9,3)
```

意思是创建一个 4 层前馈神经网络,输入层有 5 个节点,第一个隐藏层有 8 个节点,第二个隐藏层有 9 个节点,输出层有 3 个节点。

神经网络创建以后,Pybrain 会自动给网络赋以随机的权值,这时候如果对神经网络加载输入,可得到输出。

```
>>> net.activate([1,2,3,4,5])
array([-3.28401234,-2.70845812,  1.81994265])
```

神经网络的训练集由 SupervisedDataSet()创建,SupervisedDataSet 规定了训练集的输入和期望输出的维度,例如:

```
>>> from pybrain.datasets import SupervisedDataSet
>>>  ds=SupervisedDataSet(5,3)
```

这意味着每个训练样例有 5 个输入和 3 个期望输出组成。可以通过 addSample() 将训练样例加入神经网络。

```
>>> ds.addSample((1,2,3,4,5),(5,1,7,))
>>> ds.addSample((2,3,4,5,6),(5,9,5,))
>>> ds.addSample((3,4,5,6,7),(9,5,7,)))
```

训练样例逐个加入神经网络后，即可进行训练，上一节讲的是 BP 算法，本节就使用 BP 算法进行训练。Pybrain 中使用 BackpropTrainer() 来对网络进行 BP 算法训练，参数为创建的神经网络和添加的训练集。

```
>>> from pybrain.supervised.trainers import BackpropTrainer
>>> net=buildNetwork(5,8,9,3,bias=True)
>>>  trainer=BackpropTrainer(net,ds)
```

以上命令定义了一个 trainer 来对神经网络进行训练，创建的网络中多了一个 bias 参数，用以选择是否需要偏置。用户还可自定义隐藏层使用的激活函数，形如：

```
>>>  from pybrain.structure import TanhLayer
>>> net=buildNetwork(5,8,9,3,bias=True,hiddenclass=TanhLayer)
```

常见的激活函数有 Sigmoid、Tanh 和 ReLU 等。若不指定隐藏层激活函数，则 Pybrain 默认使用 Sigmoid 作为网络的激活函数。用户可以通过 print 神经网络来查看各层的情况。

```
>>>  print net
FeedForwardNetwork-20
  Modules:
   [<BiasUnit 'bias'> ,<LinearLayer 'in'> ,<TanhLayer 'hidden0'> ,<TanhLayer
'hidden1'> ,<LinearLayer 'out'> ]
   Connections:
   [<FullConnection 'FullConnection-14':'in' ->'hidden0'>,<FullConnection '
FullConnection-15':'hidden0' ->'hidden1'>,<FullConnection 'FullConnection-16':
'hidden1' ->'out'>,<FullConnection 'FullConnection-17':'bias' ->'out'>,<Full-
Connection 'FullConnection-18':'bias' ->'hidden0'>,<FullConnection 'FullConnec-
tion-19':'bias' ->'hidden1'>]
```

一切准备就绪后,调用 trainer 的 train()函数进行训练,即可得到网络的所有参数。若想指定收敛后再停止训练,则可使用 trainUntilConvergence()函数。

```
>>> trainer.train()
>>> trainer.trainUntilConvergence()
```

3. 实例测试

数据和工具都准备好后,即可进行手写数字识别的训练。如前面所述,利用 MNIST 数据库测试集中每个数字的前 800 张图片作为训练集。即新建 training-set 文件夹,在此文件夹下建立名为"0"~"9"的 10 个文件夹,然后将 t10k-images 文件夹中每个数字标号为 0~799 的图片分别归入名为相应数字的文件夹中。再新建 testing-set 文件夹,同样在此文件夹下建立名为"0"~"9"的 10 个文件夹,将 t10k-images 文件夹中每个数字标号为 800 之后(包括 800)的图片分别归入名为相应数字的文件夹中。由此可知,training-set 就是本实例的训练数据集,而 testing-set 就是本实例的测试数据集。

本实例采用三层神经网络进行训练。训练集中的每张图片都需要输入神经网络参与训练,每张图片的大小为 28×28 像素,每个像素作为一个输入的话,三层神经网络的输入层共有 $28\times28=784$ 个输入。三层神经网络含有一个隐藏层,隐藏层节点数目为 30。需要识别"0"~"9"这 10 个数字,故输出层为 10 个节点。整个神经网络的结构如图 3.9 所示。

实例算法的步骤如下:

步骤 1:创建神经网络和训练数据集。

步骤 2:按照 training-set 文件夹"0"~"9"的顺序读入图片数据,并将数据加入神经网络的训练集。

步骤 3:使用 BP 算法对创建的神经网络进行训练,并指定收敛后再停止算法。

步骤 4:从测试集 testing-set 中随机挑选几张图片进行测试,观察训练完毕的神经网络是否能够正确识别测试图片。

按照算法的实施步骤,编写 Python 程序如下:

```
1 # coding:utf- 8
2 from PIL import Image
3 import numpy as np
4 import os
```

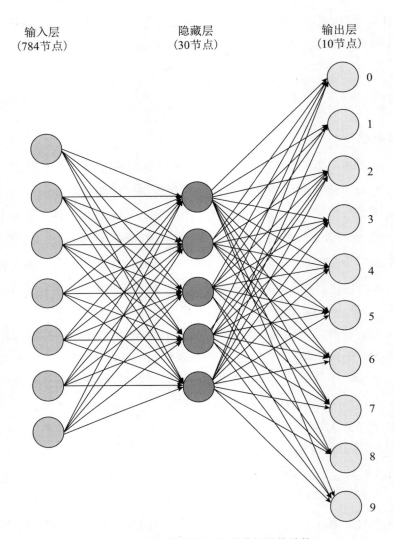

图 3.9 MNIST 手写数字识别神经网络结构

```
 5 from pybrain.tools.shortcuts import buildNetwork
 6 from pybrain.datasets import SupervisedDataSet
 7 from pybrain.supervised.trainers import BackpropTrainer
 8
 9 net=buildNetwork(784,30,10,bias=True)
10 ds=SupervisedDataSet(784,10)
11
```

```
12 for i in range(0,9):# 0~9 共 10 个文件夹
13   for f in os.listdir('/usr/local/minist/training-set/% s'% i):# 每个文件夹里的图片
14     if f.endswith('.bmp'):
15       print f
16       im=Image.open('/usr/local/minist/training-set/% s/% s' % (i,f))
17       mtr=np.array(im)
18       s=mtr.reshape(1,784)
19       for j in range(0,784):# 图像二值化
20         if s[0][j]!=0:
21           s[0][j]=1
22       c=[0,0,0,0,0,0,0,0,0,0]
23       c[i]=1
24       ds.addSample(s[0],c)
25       print mtr
26   print ('end of folder % s' % i)
27
28 trainer=BackpropTrainer(net,ds)
29 trainer.trainUntilConvergence()
30 print "Training end!"
31
32 print "First begin test 0_977.bmp"
33 im=Image.open('/usr/local/minist/testing-set/0/0_977.bmp')
34 mtr=np.array(im)
35 s=mtr.reshape(1,784)
36 for j in range(0,784):# 图像二值化
37   if s[0][j]!=0:
38     s[0][j]=1
39 prediction=net.activate(s[0])
40 print "output is"+str(prediction)+"end test 0_977.bmp"
41
42 print "Second begin test 1_1108.bmp"
43 im1=Image.open('/usr/local/minist/testing-set/1/1_1108.bmp')
44 mtr1=np.array(im1)
45 s1=mtr1.reshape(1,784)
46 for j in range(0,784):# 图像二值化
47   if s1[0][j] ! =0:
48     s1[0][j]=1
49 prediction1=net.activate(s1[0])
50 print "output is"+str(prediction1)+"end test 1_1108.bmp"
51
52 print "Third begin test 2_1026.bmp"
```

```
53 im2=Image.open('/usr/local/minist/testing-set/2/2_1026.bmp')
54 mtr2=np.array(im2)
55 s2=mtr2.reshape(1,784)
56 for j in range(0,784):#  图像二值化
57   if s2[0][j]!=0:
58       s2[0][j]=1
59 prediction2=net.activate(s2[0])
60 print "output is"+str(prediction2)+"end test 2_1026.bmp"
```

需要说明的是，如果将 training-set 中"0"～"9"的 10 个文件夹中的所有图片共 8000 张全部加入神经网络并完成训练，会花费几天的运算时间。如果想尽快观察运算结果，把第 12 行代码改为 for i in range(0,3)，即首先尝试训练"0"～"2"这 3 个文件夹中的数据。测试数据也是从 0、1、2 三个文件夹中各随机选取一张图片。其运行结果如下：

```
Training end!
First begin test 0_977.bmp
output is [9.97615241e-01    1.18361529e-02  -8.59629192e-03  -7.25835496e-05 7.
30464123e-05    4.57227366e-04    4.04194204e-05    2.15078860e-04 -2.31805170e-04
1.08019695e-04]
end test 0_977.bmp
Secondbegin test 1_1108.bmp
output is [1.32283583e-02    1.03225591e+ 00  -4.43832287e-02  -2.08431261e-03 1.
23981654e-03    1.24453520e-03    7.63981384e-04    2.48519982e-03 1.60581137e-03
1.40811394e-03]
end test 1_1108.bmp
Thirdbegin test 2_1026.bmp
output is [-3.52379097e-03    1.51728636e-03    1.00282905e+ 00  -1.49078819e-04 1.
40634956e-04    3.98109967e-04    8.71123892e-05    4.17026288e-04 -1.84143455e-04
2.25080996e-04]
end test 2_1026.bmp
```

代码第 2～5 行从各种库中导入所需模块。PIL(Python Image Library)为图形处理库，其中 Image 可以完成图像的读取功能。第 9～10 行创建了神经网络和训练数据集。前面已经提到，本例神经网络为三层结构，各层分别有(784,30,10)个节点，训练数据为 784 维的输入图像和 10 维的标签向量。

第 12～26 行读入图像数据并添加到神经网络的训练集中。主体为两个循环：第 12 行遍历"0"～"9"这 10 个文件夹(实际运行时是 3 个)，第 13 行遍历每个文件夹中的所有图

片。由于文件夹中会有一些隐藏文件,第 14 行将所有以. bmp 后缀名结尾的文件选出,第 16～18 行将所有选出的图像文件读入变量 s 中。由于 MNIST 中的所有图像为灰度图像,像素取值在[0,255],需要将其二值化,第 19～21 行将所有非零的像素转化为 1,二值化后的图像示例如图 3.10 所示。

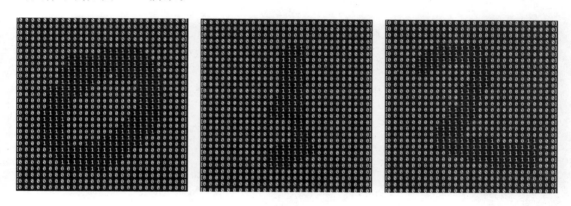

图 3.10　MNIST 手写数字二值化图像矩阵示例

第 22～23 行标出期望输出,第几个数字就将变量 c 的第几位标识为 1。如数字 0 的期望输出 c=[1,0,0,0,0,0,0,0,0,0],数字 1 的期望输出 c=[0,1,0,0,0,0,0,0,0,0],以此类推。期望输出 c 也就是图片的标签。第 24 行将所有图像和其相应的期望输出加入训练数据集。第 28 行创建一个基于所建立神经网络 net 和训练集 ds 的 trainer,并指定以 BP 算法进行训练,第 29 行指示开始训练并直到算法收敛再停止计算。

第 33～39 行对 0 文件夹中任选的图片 0_977. bmp 进行测试。第 33～38 行代码首先将图片 0_977. bmp 读入,然后进行二值化。第 39 行代码使用二值化后的图像作为输入,并得到输出。第 40 行代码将得到的输出打印出来。第 43～49 行对 1 文件夹中任选的图片 1_1108. bmp 进行测试。第 53～59 行对 2 文件夹中任选的图片 2_1026. bmp 进行测试,原理相同,在此不再赘述。

从运行结果可以看出,图片 0_977. bmp 的测试结果中,输出向量的第 1 个元素值为 9.97615241e−01,远大于其他元素且接近 1,很明显已经正确识别。图片 1_1108. bmp 的测试结果中,输出向量的第 2 个元素值为 1.03225591e+00,远大于其他元素且接近 1,很明显可以正确识别。图片 2_1026. bmp 的测试结果中,输出向量的第 3 个元素值为 1.00282905e+00,远大于其他元素且接近 1,很明显也能正确识别。

如果要考察整个测试集的正确率，可以在代码第 29 行之后添加指令：

```
NetworkWriter.writeToFile(net,'Model.xml')
```

当然，在此之前需要导入 NetworkWriter 模块：

```
from pybrain.tools.xml.networkwriter import NetworkWriter
```

如此即可将训练好的模型写入 Model. xml 文件中。通过 Model. xml 可以测试全部测试集（实验中为"0"～"3"这 3 个文件夹的测试数据）的正确率，代码如下。

```
1 #  coding:utf-8
2 from PIL import Image
3 import numpy as np
4 import os
5 from pybrain.tools.xml.networkreader import NetworkReader
6
7 newnet=NetworkReader.readFrom('Model.xml')
8 print "Start load model"
9 for i in range(0,3):
10   right=0
11   filecount=0
12   for f in os.listdir('./testing-set/% s' % i):# 每个文件夹里的图片
13     if f.endswith('.bmp'):
14       filecount+=1
15       im=Image.open('./testing-set/% s/% s' % (i,f))
16       mtr=np.array(im)
17       s=mtr.reshape(1,784)
18       for j in range(0,784):#  图像二值化
19         if s[0][j]!=0:
20           s[0][j]=1
21       prediction=newnet.activate(s[0])
22       if prediction.argmax()==i:
23         right+=1
24       rate=float(right)/filecount
25   print "The testing number is "+str(i)+":"+str(filecount)+" images are test-
   ed,"+str (right)+" images are right,"+" the accuracy is "+str(rate)
```

运行结果为：

```
Start load model
The testing number is 0:180 images are tested,180 images are right,the accuracy is
1.0
The testing number is 1:335 images are tested,333 images are right,the accuracy is
0.994029850746
The testing number is 2:232 images are tested,220 images are right,the accuracy is
0.948275862069
[Finished in 56.8s]
```

代码第 7 行将训练好的模型从 Model.xml 文件中读出，第 9～25 行的循环指示遍历 3 个测试文件夹中的所有图片，第 12～24 行的循环处理文件夹中的每张图片，right 统计某一个数字被正确识别的图片数，filecount 统计该数字的图片总数。与训练代码相同，第 13 行代码首先判断该文件是否为 .bmp 图片文件，第 15～17 行将图片文件读入 s，第 18～20 行的循环将图像二值化，第 21 行将测试样例 s 输入训练好的神经网络模型 newnet 并获得输出，第 22 行和第 23 行检测输出是否正确，如果输出向量中最大元素为第 i 个，则表示已经正确识别出该数字。

从运行结果来看，数字 0 的识别率为 100%，数字 1 和 2 的识别率分别为 99.7% 和 95.2%。获得了数字 0、1 和 2 的训练模型后，我们将模型扩展至数字 0～9，以上程序在 32GB 内存，四核 Intel(R) Xeon(R) E5620，CPU 主频 2.4GHz 的服务器上运行了 3 天。训练结束后，使用测试集进行测试得到如下结果：

```
The testing number is 0:180 images are tested,170 image are right,the accuracy is
0.944444444444
The testing number is 1:335 images are tested,302 image are right,the accuracy is
0.901492537313
The testing number is 2:232 images are tested,183 image are right,the accuracy is
0.788793103448
The testing number is 3:210 images are tested,169 image are right,the accuracy is
0.804761904762
The testing number is 4:182 images are tested,160 image are right,the accuracy is
0.879120879121
The testing number is 5:92 images are tested,73 image are right,the accuracy is
0.79347826087
The testing number is 6:158 images are tested,144 image are right,the accuracy is
0.911392405063
The testing number is 7:228 images are tested,215 image are right,the accuracy is
0.94298245614
```

```
The testing number is 8:174 images are tested,159 image are right,the accuracy is
0.913793103448
the testing number is 9:209 images are tested,175 image are right,the accuracy is
0.837320574163
```

从结果可以看出,数字 2 的识别率最低,为 78.9%,其余数字的识别率多在 90% 左右,其中数字 0 的识别率最高,为 94.4%。整体结果还是令人满意的。

当然,使用 Pybrain 进行手写数字识别只是本章的一个实验。由于效率问题,实际应用中并不会用本章中所讲的三层神经网络来实现手写数字的识别,真正投入商用的手写数字识别神经网络是 LeNet-5。当年美国各大银行就是用 LeNet-5 来识别支票上的手写数字的。其采用了卷积神经网络(CNN)结构,比本章所讲的最基本的前馈神经网络更高效、更适合处理图像输入数据,而卷积神经网络正是下一章即将介绍的要点。

3.3　本章小结

本章首先介绍了神经网络的工作流程。阐述了神经网络的基本单元 Rosenblatt 感知机的工作原理和训练方法,并以一个二维空间中线性可分的点集为例验证了感知机的训练方法。随后简要介绍了人工神经网络的由来、网络架构和训练方法。最后用 Pybrain 实现了一个三层神经网络,并以此完成了 MNIST 数据集上的一个简单的手写数字识别实例,初步展现了人工神经网络的神奇功能。

参考文献

[1] 周志华. 机器学习[M]. 北京:清华大学出版社,2016:97-101.

[2] 西蒙·赫金. 神经网络与机器学习(原书第 3 版)[M]. 申富饶,徐烨,郑俊,等译. 北京:机械工业出版社,2014,82-85.

[3] LeCun Y,Bottou L,Bengio Y. Gradient-based learning applied to document recognition[J]. Proc. of the IEEE. 1998.

[4] http://neuralnetworksanddeeplearning.com/.

第 4 章

Caffe 简介

风清扬道:"独孤大侠是绝顶聪明之人,学他的剑法,要旨是在一个'悟'字,决不在死记硬记。等到通晓了这九剑的剑意,则无所施而不可,便是将全部变化尽数忘记,也不相干,临敌之际,更是忘记得越干净彻底,越不受原来剑法的拘束。"

——《笑傲江湖·传剑》

以上这段文字出自《笑傲江湖》第 10 章"传剑",描述的是华山派剑宗前辈高人风清扬向令狐冲传授武林绝学独孤九剑的场景。独孤九剑的要诀在于"无招胜有招",体现了"大道至简"的至理。有趣的是,金庸先生小说中的顶级武功也呈现出了由繁入简的趋势。例如金老先生的第一部小说《书剑恩仇录》中,陈家洛的"百花错拳"就非常繁复;到了其中期作品《射雕英雄传》中,洪七公的"降龙十八掌"只有简明的十八招;再至其后期作品《笑傲江湖》中,风清扬所传的"独孤九剑"只有"破剑式""破刀式""破箭式"等九式,而且最高境界在于忘记所有招式,随机应变。

类似地,自然科学中很多公式都是简洁而优美的,例如大家耳熟能详的质能方程 $E = mc^2$。正如爱因斯坦曾经说的"越简单越好,但不要过于简单",如果一种数学工具太过复杂,则其应用必然受限。如果仔细观察上一章所讲的前馈神经网络就会发现,其网络结构太过复杂,层与层之间皆为全连接,导致需要学习的参数过多。

本章所要讲的卷积神经网络(CNN)正是上一章所讲的前馈神经网络的一种简化,通过使用局部感知、权值共享和池化等方法大大减少了层间的连接和所需要训练的参数。而本章要介绍的 Caffe 工具的全称是 Convolutional Architecture for Fast Feature Embedding,正是基于这种卷积神经网络的一种计算框架。

4.1 CNN 原理

1958 年，在神经生物学领域发生了一件大事。约翰·霍普金斯大学的 David Hubel 和 Torsten Wiesel 完成了一个实验，他们在猫的后脑上开了一个 3mm 的小洞，并通过此洞向猫的视皮层中插入微电极，电极的后端连接扬声器。两人在猫前的屏幕上投射不同长宽、不同运动方向的光棒或暗棒，发现特定区域的神经细胞会对特定角度的光棒和暗棒敏感，他们将此类神经细胞命名为简单细胞（simple cells）。此外还有一类细胞对特定角度朝某个方向运动的光棒敏感，被命名为复杂细胞（complex cells）。再有一类细胞对一定长度的光棒敏感，被称为超复杂细胞（hyper complex cells）。

细胞具有一定的感受区域，称为感受野。简单细胞对光棒在感受野中的位置敏感，而复杂细胞和超复杂细胞则对光棒在感受野中的位置没有严格要求。关于此实验的视频可参见：

http://v.youku.com/v_show/id_XNDc0MTkxODc2.html

实验中分别展示了简单细胞、复杂细胞和超复杂细胞对运动的光棒或者暗棒的反应。由于微电极后端连接了扬声器，当神经细胞对光棒或暗棒的某种长宽或者某个运动方向敏感时，就会放电并通过后端的扬声器发出噼噼啪啪的声音。通过进一步的实验，David Hubel 和 Torsten Wiesel 总结出了视觉系统的工作原理。即脑视觉皮层是分级的，初级皮层的细胞只能感受物体的边缘，中级皮层的细胞将边缘组合为物体的部分，高级皮层的细胞将各部分组合成完整的物体。视觉皮层分级感知，越是高级的皮层细胞，所感知的模式越抽象。这项发现不仅是神经生物学和认知领域的重大突破，还直接促成了人工智能领域以后五十多年的跨越式发展。David Hubel 和 Torsten Wiesel 也因此荣膺 1981 年诺贝尔生物学及医学奖。

多层 CNN 正是借鉴了视觉系统的工作原理，首先检测横线、竖线、斜线等具有方向性的基本的物体边缘，然后将若干个边缘组合成物体的部分，最后再根据检测到的物体的部分分析物体具体是什么。接下来将从 CNN 的基本操作开始，引出一个经典卷积神经网络 LeNet-5 的介绍。LeNet-5 是首个投入商用的 CNN。CNN 的基本操作包括卷积、池化和激活。

4.1.1 卷积

卷积神经网络(CNN)得名自卷积(convolution)操作。卷积的目的在于将某些特征从图像中提取出来,正如视觉系统辨识具有方向性的物体边缘一样。

视觉系统通过具有方向感知功能的神经细胞很容易将图像中物体的边缘分辨出来,然而计算机系统又是如何分辨图像中物体的边缘呢?有一定数字图像处理或计算机图形学基础的读者都知道,一幅彩色图像在计算机中的存储形式为一个三维的矩阵,三个维度分别是图像的宽、高和 RGB 值;而一幅灰度图像在计算机中的存储形式为一个二维矩阵,两个维度分别是图像的宽、高。无论是彩色图片的三维矩阵还是灰度图像的二维矩阵,矩阵中的每个元素取值范围为[0,255],但是含义不同。彩色图像的三维矩阵可以拆分成 R、G、B 三个二维矩阵,矩阵中的元素分别代表图像相应位置的 R、G、B 亮度。灰度图像的二维矩阵中,元素则代表图像相应位置的灰度值。如图 4.1 所示。

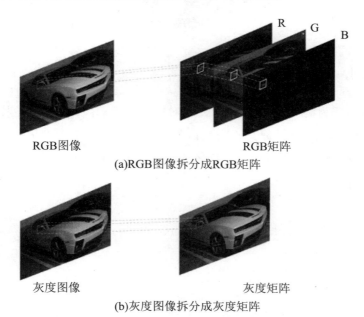

(a)RGB图像拆分成RGB矩阵

(b)灰度图像拆分成灰度矩阵

图 4.1 RGB 图像和灰度图像示例(见彩插)

由 3.2.3 节可知,二值图像可视为灰度图像的一个简化,它将灰度图像中所有高于某阈值的元素转化为 1,否则为 0,故二值图像矩阵中的元素非 0 即 1,由图 3.10 和图 4.2 可见,二值图像足以描述图像的轮廓,而卷积操作的一个重要作用就是找出图像的边缘轮廓。

(a) RGB 图像

(b) 灰度图像

(c) 二值图像

图 4.2　RGB 图像、灰度图像和二值图像对比(见彩插)

以二值图像矩阵为例,每个矩阵中的元素对应图像中的一个像素点,矩阵中的元素为 0 表示此点为纯黑色,为 1 则表示此点为纯白色。图 4.2 是雪佛兰科迈罗的 RGB 图像、灰度图像和二值图像,观察二值图像中前挡风玻璃的右边框所对应的二值矩阵部分,会发现矩阵呈现出以下样式:

$$A = \begin{bmatrix} 1,1,0,0,0 \\ 0,1,1,0,0 \\ 0,0,1,1,0 \\ 0,0,0,1,1 \\ 0,0,0,0,1 \end{bmatrix}$$

体现在图中就是从左上到右下的一条斜白线,也就是汽车前挡风玻璃的右边框。计算机如何将这种具有方向性的边缘检测出来呢?回想在生物的视觉系统中,会有专门的简单神经细胞检测特定方向的物体边缘,而在计算机视觉系统中,卷积核起到了方向检测神经细胞的作用。以下就是一个 3×3 的卷积核(kernel):

$$conv=\begin{bmatrix}1,0,0\\0,1,0\\0,0,1\end{bmatrix}$$

显而易见,conv 和 A 具有相同的特征,即都表示一条从左上到右下的白色斜线。将 conv 以如下方式作用于 A。

从 A 的第(1,1)个元素(即第 1 行第 1 列)开始,以第(1,1)个元素为左上角,将矩阵 A 切分出一个与卷积核 conv 同样大小的矩阵,然后将此矩阵与 conv 相应位置的元素逐个相乘(注意不是矩阵相乘)然后求和,得到的值为新矩阵的第(1,1)个元素。然后向右平移一位,以第(1,2)个元素为左上角,重复以上步骤,得到的值为新矩阵的第(1,2)个元素。向右顺次移位直到以该元素为左上角不能切分出与 conv 同样大小的矩阵,然后换行至下一行第一个元素,继续以上操作,直至 A 中的某元素向右不能切分出与 conv 同样大小的矩阵,且换行至下一行第一个元素向下同样不能切分出与 conv 同样大小的矩阵。

整个过程有点类似以 conv 为窗口从左到右,从上到下地滑过矩阵 A。更形象地说就是用 conv 为 A"擦一遍玻璃"。具体过程如图 4.3 所示。

矩阵 A 通过卷积 conv 操作后得到一个新的矩阵,即图中黄色的矩阵(见彩插)。从卷积的过程可知,这个新矩阵中的每一个元素代表的都是 A 相应的区域经过卷积核 conv"过滤"后的结果。卷积核 conv 表示的是从左上到右下的边缘特征,因此,凡是具有这种边缘特征的区域通过卷积操作后都会得到较高的特征值,例如 step 1、step 2、step 5 等所操作的区域。而没有这种特征的区域通过卷积操作后则会得到较小的特征值,可以视为被 conv 滤掉,如 step 3、step 4、step 7 等所操作的区域。由于过滤后的新矩阵包含了原矩阵的特征,如本例包含了原矩阵从左上到右下的边缘特征,故又被称为特征图(feature map)。而卷积核由于具有过滤特定特征的作用,又被称为滤波器(filter)。

不同的卷积核可以过滤出不同的特征,可以尝试将前面的卷积核替换成以下表示从右上到左下边缘特征的矩阵:

$$conv=\begin{bmatrix}0,0,1\\0,1,0\\1,0,0\end{bmatrix}$$

然后再按照以上方法重新卷积矩阵 A,可以发现特征图是一个全 1 的矩阵,特征值较小,说明矩阵 A 中并不具备从右上到左下的边缘特征。在本例中,卷积核每次向右或向下

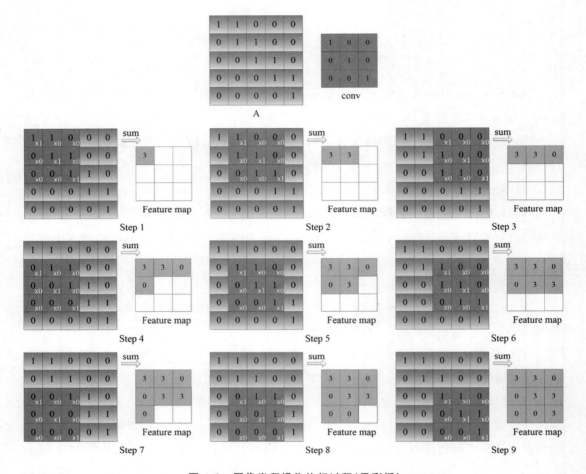

图 4.3　图像卷积操作执行过程(见彩插)

移动一个像素。实际应用中,为了减少特征图的大小,有时候会每次移动两个或者多个像素,每次移动的像素个数称为步长(stride)。还有些时候,为了保证特征图和原图大小相同,会在原图的边缘填充数值为 0 的像素,被称为零填充(zero-padding)。对于灰度图像和 RGB 图像来说,情况类似。

　　以下将用一个实例展示卷积的效果。依然使用 Python 的 PIL 图形处理库。前面为了阐释原理使用的是二值图像,实例中将使用灰度图像进行卷积操作。图像的来源为图 4.2 中展示的雪佛兰科迈罗的 RGB 图像。首先将科迈罗 RGB 原图转化为灰度图像,然后利用图像的灰度矩阵进行各种卷积操作。按照以上步骤编写 Python 程序如下:

```
1 # coding:utf-8
2 from PIL import Image
3 import numpy as np
4 import os
5
6 im=np.array(Image.open('/Users/longfei/Desktop/Camaro.jpg'))
7 print im
8 print im[0][0]
9 print len(im)
10 print len(im[0])
11 print len(im[0][0])
12
13 im_grey=Image.open('/Users/longfei/Desktop/Camaro.jpg')
14 im_grey=im_grey.convert('L')
15 try:
16   im_grey.save("CamaroGrey.jpg")
17 except IOError:
18   print "Cannot convert"
19 im_grey.show()
20 im_grey=np.array(im_grey)
21
22 conv_a=np.array([[ 1, 0, -1],          # 卷积核
23                  [ 0,  0,  0],
24                  [ -1,  0,  1]])
25
26 def conv (im_array,conv_x):    # 传入图像矩阵和卷积核
27   im_copy=im_array.copy()
28   height,width=im_copy.shape
29   for i in range(0,height-2):
30     for j in range(0,width-2):
31       tmp=(im_array[(i):(i+ 3),(j):(j+ 3)]*conv_x).sum()
32       if tmp>255:
33           tmp=255
34       elif tmp<0:
35           tmp=0
36       im_copy[i][j]=tmp
37     return im_copy
38
39 im_conv=conv(im_grey,conv_a)
40 new_im=Image.fromarray(im_conv)
41 new_im.show()
42 new_im.save("CamaroConv.jpg")
```

代码第 6 行将科迈罗 RGB 原图读入并转化为数组。转化后的 im 是一个三维数组，也可以理解为每个元素都是一个 1×3 数组的二维矩阵，第 i 行第 j 列的元素即原图第 i 行第 j 列像素的 RGB 值。通过第 7～11 行的指令，可以分别查看 im 矩阵的值，im 矩阵中第 0 行第 0 列元素的值，im 矩阵的行数、列数和元素的维度。其运行结果如下：

```
[[[124 117 124] [123 118 124] [124 119 125]…, [93 88 92] [95 90 94] [97 92 96]]
 [[125 120 126] [122 117 123] [124 119 125]…, [98 93 97] [99 94 98] [98 93 97]]
 [[122 117 123] [121 116 122] [125 120 126]…, [98 93 97] [99 94 98] [99 94 98]]
 …,
 [[63 57 57] [65 59 59] [71 65 65]…, [106 102 101] [109 105 104] [109 105 104]]
 [[63 57 57] [63 57 57] [67 61 61]…, [106 102 101] [109 105 104] [110 106 105]]
 [[64 58 58] [61 55 55] [64 58 58]…, [106 102 101] [110 106 105] [111 107 106]]]
[124 117 124]
1483
2439
3
```

可见 im 是一个 1483×2439 的矩阵，说明原图宽度为 2439 像素，高度为 1483 像素，im 的每个元素都是其对应像素的 RGB 值。代码第 13 行和第 14 行将科迈罗原图读入并转化为灰度图像，RGB 图像转灰度图像有很多种方法，比较常见的为灰度值：

$$\text{Grey}=0.299\times R+0.587\times G+0.114\times B$$

Python 的 PIL 中使用 convert()函数，参数为 L 即可将 RGB 图像转化为灰度图像。第 15～18 行代码将转化后的灰度图像存成名为 CamaroGrey.jpg 的文件，第 19 行展示灰度图像，第 20 行将灰度图像转化为数组。

第 22 行定义了一个 3×3 的卷积核。第 26～37 行代码定义了卷积函数。该函数接受一个灰度图像矩阵 im_array 和一个卷积核 con_x 并返回卷积后的特征图矩阵。首先，第 27 行将传入的图像矩阵复制给 im_copy。height 和 width 分别为图像的高度和宽度，也就是 im_copy 的行数和列数。由卷积操作的执行操作可知，如果原矩阵大小为 $m\times n$，卷积核为 $p\times p$，则特征图矩阵大小为 $[m-(p-1)]\times[n-(p-1)]$。从原矩阵的第(0,0)个元素（注意，Python 中数组的编号从 0 开始，与前面原理阐释部分编号从 1 开始不同）开始，到第 $(m-(p-1)-1, n-(p-1)-1)$ 个元素结束，以当前元素为左上角的 $p\times p$ 矩阵与卷积核执行元素级相乘（element－wise multiplication），然后求和，得出特征图矩阵相应位置的元素，每行只执行至第 $n-(p-1)-1$ 个元素。

体现在代码中就是第 29～31 行，从 im_copy 的第（0,0）个元素开始，到第（height-3，width-3）个元素结束，每个元素将以其为左上角的 3×3 原矩阵与卷积核 conv_x 执行元素级相乘：

```
im_array[(i):(i+ 3),(j):(j+ 3)]*conv_x
```

然后求和.sum()，得出卷积后的特征值，并赋值给临时变量 tmp。由于卷积后的特征值可能超过 255 或者小于 0，第 32～35 行的代码对此进行一个判断，将大于 255 的像素都归为 255，小于 0 的像素都归于 0。最后再将临时变量 tmp 赋值给 im_copy[i][j]。这样 im_copy 就成了特征图矩阵。值得注意的是，卷积后的特征值之所以不直接赋值给 im_copy[i][j]，是因为 im_copy 拷贝自 im_array，是一个 8bit 的变量，只能表示 0～255 的数值，对大于 255 的数值会自动减去 256，从而影响卷积操作。

本例对卷积核（kernel，image processing）的维基百科中提到的三种边缘检测卷积核分别卷积得到图 4.4 所示的结果。

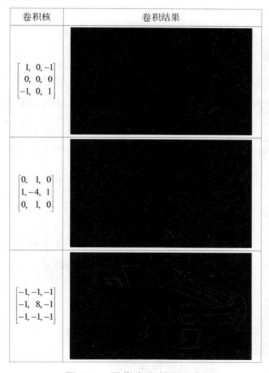

图 4.4　图像卷积结果示例

由图 4.4 可见,对于图 4.2 的科迈罗灰度图像,第 3 个卷积核能够提取出更清晰的边缘,第 3 个卷积核表示的是中心点灰度值较高,周边灰度值较低的图像特征,符合图像边缘的特征。也就是说,图像边缘的像素点通过该卷积核将得到加强,而非边缘的像素点通过卷积核将被过滤掉,这也正是卷积核又被称为滤波器的原因。

4.1.2 池化

池化(Pooling)是卷积神经网络的又一基本操作。如果说卷积的作用是提取图像特征信息的话,池化意在保留图片基本信息的情况下减小图片的尺寸(或称降维),故又称为子采样(sub sampling)或下采样(down sampling)。

观察图 4.4 的卷积结果可以发现,图片除了科迈罗的白色边缘之外,大部分都是黑色。也就是说,卷积后的特征图有相当多的冗余信息。池化的目的就是去除这些冗余信息,保留图片最重要的信息。

与卷积类似,池化也是通过窗口的滑动实现图像的降维,不同的是池化的每个滑动窗口之间是不重叠的,也就是说如果池化的窗口大小为 $p \times p$,则其滑动步长也为 p。池化又分为最大池化(max pooling)、平均池化(average pooling)和求和池化(sum pooling)等。

以最大池化为例,从科迈罗的特征图像中截取一个 4×4 的矩阵,如图 4.5 所示。若池化窗口的大小为 2×2,则左侧的 4×4 特征矩阵被 2×2 的池化窗口划分为紫色、白色、金色、青色 4 个 2×2 的矩阵,每个矩阵中存在一个最大值 Max,将这个 Max 提取出来,行成一个新的矩阵,如图 4.5 右侧所示,这个新的矩阵就是最大池化的操作结果。类似地,对紫、白、金、青 4 个矩阵中的元素取平均值或求和,得到的新矩阵就是平均池化或求和池化的操作结果。

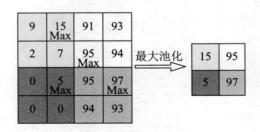

图 4.5 图像池化操作原理

在 CNN 中,池化操作一般是针对特征图的。以图 4.4 第 3 个卷积核卷积后的特征图为例,此特征图经过最大池化和平均池化后的结果如图 4.6 所示,实现代码如下。

```
1 #  coding:utf-8
2 from PIL import Image
3 import numpy as np
4 import os
5
6 im_conv=Image.open('/Users/longfei/Desktop/CamaroConv.jpg')
7 im_conv=np.array(im_conv)
8
9 def pooling (im_array):
10    height,width=im_array.shape
11    pool=[[0 for col in range(width/10)] for row in range(height/10)]
12    p,q=[0,0]
13    for i in range(0,height-10,10):
14        q=0
15        for j in range(0,width-10,10):
16            pool[p][q]=im_array[(i):(i+10),(j):(j+10)].max()
17            q=q+1
18        p=p+1
19    return pool
20
21 im_pool=pooling(im_conv)
22 im_pool=np.array(im_pool)
23 new_im=Image.fromarray(im_pool)
24 new_im.save("CamaroPool.jpg")
```

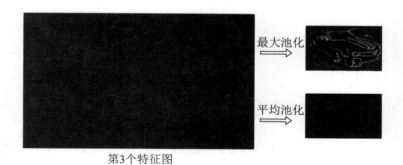

第3个特征图

图 4.6　图像池化操作示例

以上代码实现的是一个 10×10 窗口的最大池化操作。第 6 行读入的 CamaroConv.jpg 文件就是前面使用第 3 个卷积核得到的特征图。第 9～19 行代码定义了最大池化函数,实际就是将图 CamaroConv 的矩阵划分为 10×10 的单元,然后每个单元中取最大值形成新的池化矩阵。若要实现平均池化,只需将第 16 行代码替换为:

```
pool[p][q]=np.uint8(im_array[(i):(i+10),(j):(j+10)].mean())
```

由图 4.6 可见,池化后图片尺寸明显减小,10×10 的窗口缩小至原图十分之一,但特征信息并未损失。如图所示,尤其是在最大池化中,特征信息反而得到了加强。

4.1.3　LeNet-5

LeNet-5 是 Yann LeCun 于 1998 年提出的一个经典的 CNN 架构(参见图 4.7),该架构将卷积和池化有机地结合,能够较好地完成手写数字识别等任务。不计输入和输出的话,LeNet-5 共有 6 个隐藏层。其中包括 3 个卷积层、2 个池化层和 1 个全连接层。卷积层以 C 标识,池化层以 S 标识,全连接层以 F 标识。

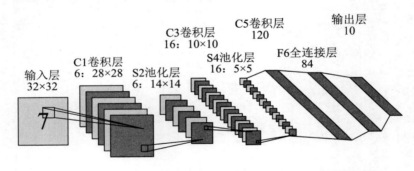

图 4.7　LeNet-5 结构图

输入层是 32×32 像素的图。回想 3.2.3 节提到的 MNIST 数据集的图片大小为 28×28 像素,LeNet-5 的输入图比 MNIST 图片多了一个宽度为 2 像素的边。据 Yann LeCun 介绍,这是为了让某些潜在的特殊特征如笔画的终点或者拐角能够出现在第一层卷积核的正中。

C1 是第一个卷积层,包含由 6 个卷积核卷积而成的 6 张特征图。卷积核大小为 5×5,故得到的特征图大小为 28×28。对于每张特征图来说,卷积核中的每个元素都是可以训练的,再加上偏置向量共有 5×5+1 个可训练参数,故 C1 层共有(5×5+1)×6=156 个可训练参数。

S2 是第一个池化层,针对 C1 中的每张特征图,采用 2×2 的窗口进行池化,故可以得到 6 张 14×14 大小的特征图。对 C1 中的特征图,每个池化窗口的 4 个元素相加,然后乘以一个可训练的系数,再加上偏置向量,最后将结果通过 Sigmoid 激活函数。这样的话每张图共有可训练系数和偏置向量两个可训练参数。S2 层共有 2×6＝12 个可训练参数。

C3 层又是一个卷积层,与 C1 层不同的是,每个 C3 层的特征图都是由若干张 S2 特征图卷积叠加所得。可以这样理解,C1 层相当于视觉系统的初级皮层,只能分辨简单的边缘信息。C3 层相当于视觉系统的高一级皮层,能够将不同的边缘组合成物体的部分。C3 层共有 16 个平面,卷积核的大小为 5×5,C3 层与 S2 层的连接情况见表 4.1。

表 4.1　C3 层与 S2 层连接情况

C3 \ S2	1	2	3	4	5	6	7	8	9	10	11	12	13	14	15	16
1	√				√	√	√			√	√	√	√		√	√
2	√	√				√	√	√			√	√	√	√		√
3	√	√	√				√	√	√			√	√		√	√
4		√	√	√			√	√	√	√			√	√		√
5			√	√	√			√	√	√	√			√	√	√
6				√	√	√			√	√	√	√		√	√	√

如表 4.1 可知,C3 层中的每个特征图都与 S2 层中的若干特征图相连。实际上,C3 层特征图的元素是所连接的 S2 特征图卷积叠加并加上偏置之后的结果。如果与 S2 层 3 个特征图相连,就有 5×5×3＋1 个可训练参数;如果与 S2 层 4 个特征图相连,就有 5×5×4＋1 个可训练参数。根据表 4.1 可知,C3 层共有 6 个特征图与 S2 层中的 3 个特征图相连,9 个特征图与 S2 层中的 4 个特征图相连,1 个特征图与 S2 层中的 6 个特征图相连。这样的话 C3 层就总共有(5×5×3＋1)×6＋(5×5×4＋1)×9＋(5×5×6＋1)＝1516 个可训练参数。

S4 是第二个池化层,针对 C3 中的每张特征图,采用 2×2 的窗口进行池化,故可以得到 16 张 5×5 大小的特征图。这类似于 C1 到 S2 的操作,所以 S4 共有 2×16＝32 个可训练参数。

C5 是第三个卷积层,共包含 120 张特征图。卷积核大小为 5×5,而 S4 层特征图大小就是 5×5,故 C5 层的每个特征图只有一个像素。C5 层的每个特征图都与 S4 层的特征图全连接,所以 C5 共有(5×5×16＋1)×120＝48120 个可训练参数。

F6 是一个全连接层,包含 84 张特征图,每张特征图只有一个像素(或称一个单元),F6

中的每个单元与 C5 中的每个单元全连接。因此 F6 共有 $(120+1)\times84=10164$ 个可训练参数。最后，输出层的 10 个单元与 F6 层的 84 个单元是全连接的。

为了更直观地理解 LeNet-5 的架构及工作原理，推荐试用以下手写数字识别的 2D 可视化在线演示系统：

http://scs.ryerson.ca/~aharley/vis/conv/flat.html

该系统采用与 LeNet-5 相似的架构，输入层为 32×32 像素，卷积层 1 为 28×28 像素，下采样层 1 为 14×14 像素，卷积层 2 为 10×10 像素，下采样层 2 为 5×5 像素，全连接层 1 为 120 像素，全连接层 2 为 100 像素。除了全连接层 2 的像素数多于 LeNet-5 的 F6 层外，以上系统与 LeNet-5 是相同的。

如图 4.8 所示，在左上角手写任一数字，即可得到识别结果。将鼠标置于从输入层到输出层的任一像素上，并单击即可查看该像素与上一层像素的连接情况，如输入、权值、激活函数和输出等详细信息。

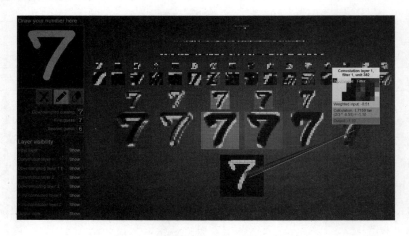

图 4.8　手写数字识别 2D 演示系统

🧊 4.2　Caffe 架构

Caffe 是一个高效的、模块化的深度学习框架，其作者贾扬清博士毕业于加州大学伯克利分校。2013 年下半年，作者获得了 NVIDIA 赠送的一块 Tesla K20 GPU，并于 9 月下旬开始编写基于 GPU 的 Caffe 架构和 ImageNet 的各个实现，11 月基本完成，12 月正式开源。作者编写 Caffe 最初是出于个人兴趣，但是在项目开源后，吸引了越来越多深度学习的研究和开发人员。加州大学伯克利分校也成立了视觉和学习中心（Berkeley Vision and Learning Center，BVLC）来共同开发包括 Caffe 在内的多个开源项目。

现在，Caffe 由于具有简单、高效、开源等优点和较强的可扩展性及可移植性，已经获得了学术界和工业界广泛的青睐，在国内外形成了不少活跃的社区和一系列衍生项目。虽然 Caffe 的创作初衷是处理图像领域的应用，但是对于一般的机器学习、语音识别等问题也能够较好地支持。

Caffe 由 C++编写，并提供 MATLAB 和 Python 接口，支持 CPU 和 GPU 运算。前面已经提到，Caffe 的全称为"快速特征嵌入的卷积架构"，其最初的设计目的在于让研究人员能够快速地搭建一个卷积神经网络。Caffe 通过 Layer、Net、Blob 和 Solver 4 个类来实现这一功能。实际上这 4 个类描述的就是卷积神经网络的架构和求解过程，也是 Caffe 最核心的数据结构。

一个卷积神经网络（如 LeNet-5）是由卷积、池化、全连接等层（Layer）组成，通过局部连接或全连接等连接方式（Blob）组成网络（Net），再通过梯度下降法进行求解（Solver），最终可得到训练好的模型。这个过程基本概括了 CNN 的工作原理，而 Caffe 的 4 大类正是模仿了以上工作原理。

4.2.1　Blob 类

Blob 是数据的内存分配管理类。如果将 CNN 的层间连接视为数据传输的话，Blob 则为数据传输提供了统一的内存接口，使得数据格式符合操作的需求。也可以说 CNN 的层通过 Blob 进行连接。事实上，Blob 的作用远不止于层间的数据传输，Caffe 中所有的数据交互都是通过 Blob 实现的。如图像输入、权重参数和梯度等都是用 Blob 的成员进行存储。

Blob 存储的数据在内存空间中连续分配，可视为一个 N 维数组。以后面即将进行的车型识别实验为例，训练集输入为 $N=653$ 张 224×224 像素的 RGB 图片，则 Blob 为四维数组，即图片数量（$N=653$）×通道数（$K=3$）×图片高度（Width=224）×图片宽度（Height=224）。其中通道数为 3 表示 Blob 会分别存储图片的 R 矩阵、G 矩阵和 B 矩阵。而从以上维度排列顺序可知，Blob 是按行存储。当然，Blob 的维度是可变的，如对于图 4.8

所示的全连接层 1(fully-connected layer 1),输入为 16×25,输出为 100,则 Blob 的维度为
100×400。对于其他非图像类应用,情况类似。

此外,Blob 封装了 CPU 和 GPU 的内存管理类 SyncedMemory,可存储原始输入数据
和梯度数据,数据的分配管理包括 CPU 和 GPU 部分。该部分功能的定义头文件是/usr/
local/caffe/include/caffe/ blob. hpp,实现的源文件是/usr/local/caffe/src/caffe/blob. cpp
(其中/usr/local/caffe 为本机的 Caffe 根目录,用户可自行定义。为表述简洁,下文以
$CAFFE_ROOT 代替),其部分源代码如下:

```
protected:
shared_ptr<SyncedMemory>data_;   // 存放原始数据
shared_ptr<SyncedMemory>diff_;   // 存放梯度数据
const void*cpu_data();
const void*gpu_data();
```

4.2.2　Layer 类

Layer 表示的就是 CNN 中的层,是 CNN 的基本单元和 Caffe 框架中最主要的部分。
参考 LeNet-5 的模型结构可知,CNN 的层可进行卷积、池化、数据加载和激活等运算。
Caffe 中对这些运算分别进行了定义。打开 $CAFFE_ROOT/src/caffe/layers 文件夹可
以发现,文件夹中都是名为 xxx_layer. cpp 和 xxx_layer. cu 的文件,这些文件就是对上述
运算的定义。其中. cpp 就是运算的 CPU 实现,而. cu 为相应的 GPU 实现。例如,conv_
layer. cpp 就是卷积运算的 CPU 实现,而 conv_layer. cu 为卷积的 GPU 实现。

根据 Caffe 的官方教程,$CAFFE_ROOT/src/caffe/layers 文件夹中的层(Layer)按
照功能可分为五大类:视觉层(Vision Layer)、损失层(Loss Layer)、激活层(Activation/
Neuron Layer)、数据层(Data Layer)和普通层(Common Layer)。

1. 视觉层

顾名思义,视觉层是对图像进行处理的层,主要负责图像的运算,以实现特征提取、降
维等功能,因此其输入和输出都是图像。显而易见,LeNet-5 中的卷积层、池化层都属于此
类。在 Caffe 中,视觉层除了包括卷积层(conv_layer)、池化层(pooling_layer)外,还包括局
部响应值归一化层(Local Response Normalization,lrn_layer)和 im2col 层(im2col_layer)
等。局部响应值归一化层负责对输入数据进行局部归一化操作,而 im2col 层则负责将图

像转化为列向量。

2. 损失层

由 3.2.2 节可知,神经网络通过最小化损失函数来优化网络中的参数。损失函数不同,训练的效果也不同。损失层定义了不同类型的损失层来代表不同类型的损失函数。包括 Softmax 损失层(softmax_loss_layer)、欧式损失层(euclidean_loss_layer)、Hinge 损失层(hinge_loss_layer)、信息熵损失层(infogain_loss_layer)和交叉熵损失层(sigmoid_cross_entropy_loss_layer)等。一般情况下,只有输出层才计算损失。也就是说,在 Layer 类的成员变量 loss_中,只有损失层具有非 0 值。

3. 激活层

激活层是元素级的操作,即输出相对于输入尺寸不变。前面提到 LeNet-5 中使用了 sigmoid 激活函数,实际上激活层定义了各种激活函数,如 ReLU 层(Rectified-Linear and Leaky,relu_layer)、Sigmoid 层(sigmoid_layer)、TanH 层(tanh_layer)、Absolute value 层(absval_layer)和 Power 层(power_layer)以及 BNLL 层(bnll_layer)等。除了 sigmoid 以外,ReLU 和 TanH 也是相当常见的激活函数。如 TanH 层使用 $\tanh(x)$ 函数为每一个输入元素 x 计算输出。ReLU 层对于输入 x,若 x>0,则 ReLU(x)=x,否则 ReLU(x)= negative_slope * x。当 negative_slope 未被设置时,ReLU(x)相当于 $\max(x,0)$。

4. 数据层

数据层是网络的最底层,主要实现数据格式的转换。数据通过数据层进入神经网络。数据层的数据来源可以是内存、高效的数据库(LevelDB 或 LMDB)、硬盘上的 HDF5 文件,也可以是一般的图像文件。

在 $ CAFFE_ROOT/models 中存放着各种模型的文件夹,每个模型的文件夹中都有一个名为 deploy. prototxt 的配置文件。通过定义该文件中的 transform_params 属性来设定相关参数,以完成图像常用的尺度变换、随机裁剪、减均值或者镜像等操作。通过定义文件中的 data_param 属性来设定数据的读取方式。

由于后面用到了数据层中的操作,故举例说明如下:

```
layer {
  name:"data"
  type:"Data"
  top:"data"
```

```
top:"label"
include {
  phase:TRAIN
}
transform_param {
  mirror:1
  crop_size:224
  mean_value:100
  mean_value:110
  mean_value:120
}
data_param {
  source:"examples/imagenet/ilsvrc12_train_lmdb"
  batch_size:32
  backend:LMDB
}
}
```

以上代码取自某个 deploy. prototxt 文件,其中,type 参数指明了数据读取的方式,值 Data 表示从数据库中读取。则 data_param 里必须设置的参数有:source 为训练数据的数据库路径和文件名;batch_size 为每次处理的样本数目,为可选参数;backend 为数据库类型,默认为 LMDB,可选 LevelDB。

若从文本文件中读取所有要处理的图像文件的路径与 label 标签,则修改参数 type 的值为 ImageData,data_param 也需要改为如下:

```
image_data_param {
  source:"/path/to/file/train.txt"
  batch_size:32
  shuffle:1
}
```

image_data_params 中必须设置的参数有:source,表示 txt 文件名。

可选参数有:

- batch_size:每次输入处理的图像个数,默认为 1。
- new_height:图像 resize 之后的 height,默认为 0,表示忽略。
- new_width:图像 resize 之后的 width,默认为 0,表示忽略。
- shuffle:是否随机打乱数据,默认为 0,表示忽略。

- rand_skip：同数据库层设置。

若从内存直接读取数据，则修改参数 type 的值为 MemoryData，同时修改 data_param 为：

```
memory_data_param{
    batch_size:2
    height:100
    width:100
    channels:1
}
```

前面的 transform_params 属性中 mirror 表示是否选择镜像操作，crop_size 表示图像的裁切尺寸，3 个 mean_value 分别表示 R、G、B 的均值。

全部的 transform_params 属性可以在 caffe. proto 文件里的 Message 类型 TransformationParameter 下查找到。

```
message TransformationParameter {
  // For data pre- processing,we can do simple scaling and subtracting the
  // data mean,if provided.Note that the mean subtraction is always carried
  // out before scaling.
  optional float scale=1 [default=1];
  // Specify if we want to randomly mirror data.
  optional bool mirror=2 [default=false];
  // Specify if we would like to randomly crop an image.
  optional uint32 crop_size=3 [default=0];
  optional string mean_file=4;
}
```

message 是一个消息，通过传递消息类型选择不同的对应操作。除此之外，$CAFFE_ROOT/src/caffe/layers 中的 base_data_layer、data_layer、image_data_layer 和 hdf5_data_layer 都是数据层的实例。

5. 普通层

普通层是网络的一些常规操作，包括分裂层（split_layer）、内积层（inner_product_layer）、摊平层（flatten_layer）、变形层（reshape_layer）、连结层（concat_layer）和切片层（slice_layer）等。较常用到的内积层就是通常所说的全连接层，如 LeNet-5 中的 F6 层就是一个典型的内积层。其他如连结层是将多个 Blob 合并为一个 Blob 输出,而分裂层是将一个 Blob 复制为多个 Blob 输出。

　　层的种类虽然繁多,但其实表示的都是一种运算操作,即接收输入 blob(bottom blob),操作后产生输出 blob(top blob)。以上的各种层都是由 ＄CAFFE_ROOT/include/caffe/layer.hpp 中的 Layer 类派生的。从这个头文件中可以看出,Layer 有三个重要的函数:SetUp、Forward 和 Backward。SetUp 函数在网络初始化时进行配置,主要包括检查 blob、层配置、blob 变形和设置损失权重。

　　参考 3.2.2 节神经网络的训练方法可知,神经网络中输入信号是前向逐层传导直至输出层,而误差信号是反向逐层传导直至输入层。Forward 函数正是 Layer 中计算前向信号的函数,具体过程为从前一层(bottom)中接收数据,计算后传送给后一层(top)。Forward 的计算过程如图 4.9 所示。

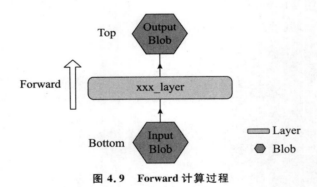

图 4.9　Forward 计算过程

　　类似地,Backward 函数是 Layer 中计算反向误差信号的函数,具体过程为从后一层 (top)接收梯度数据,计算输入梯度并传送给前一层(bottom)。打开 ＄CAFFE_ROOT/src/caffe/layers 中的文件可发现,xxx_layer.cpp 文件和其相应的 xxx_layer.cu 文件中分别定义了 Forward_cpu、Backward_cpu 以及 Forward_gpu 和 Backward_gpu 函数。前两者为函数在 CPU 中的实现,后两者为其在 GPU 中的实现。若不定义 GPU 实现,则 Caffe 自动转向 CPU 方式。

4.2.3　Net 类

　　与神经网络的构成模式一样,Caffe 中的 Net 实际上是由一系列 Layer 和它们之间的连接(Blob)组成,这些 Layer 连接成一个有向无环图(Directed Acycline Graph,DAG)。

Net 的主要作用是创建神经网络模型,定义了神经网络的函数及其梯度。通过每一层的前向传播完成卷积、池化等特定计算;通过每层的反向传播计算损失函数的梯度完成学习任务。一个典型的 Net 开始于数据层,终止于损失层。模型的初始化通过 Net::Init()完成。初始化过程主要包括两方面的内容:创建 Blobs 和 Layers,并调用 Layers 的 SetUp()和 Forward()进行前向计算,Backward()进行反向传播并完成参数训练的任务。

　　以 3.2.3 节的手写数字识别为例,若使用 Caffe 进行训练,其工作原理如图 4.10 所示。首先,image_data_layer 层将 3.2.3 节的训练数据读入,并通过 blob 传递给 inner_product_layer 层。此处的 inner_product_layer 层就是图 3.9 中具有 30 个节点的隐藏层,该层与输入输出层皆为全连接。数据经过该层的计算后可得到一个 id,也就是图片通过神经网络的输出,而 label 则是该图片的期望输出。将 id 和 label 传给 softmax_loss_layer,并计算损失,然后通过最小化损失函数优化网络参数。

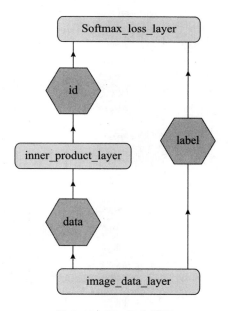

图 4.10　Net 工作原理

4.2.4　Solver 类

　　Solver 主要实现训练神经网络模型参数所用的优化方法。常见的神经网络求解方法如随机梯度下降(Stochastic Gradient Descent,SGD)、梯度自适应(Adaptive Gradient)、

RMSProp、NAG 和 Adam 等方法都是由 Solver 提供的。网络模型训练中使用的 train() 函数实际上就是实例化一个 Solver 对象，然后调用 Solver 中的 Solve() 方法来进行模型求解的。

对 Blob、Layer、Net 和 Solver 四大类有了初步了解后，基本就可以把握 Caffe 的总体框架。接下来将用一个实例来演示 Caffe 的具体应用，并以此加深对以上这些类的理解。

◾ 4.3 Caffe 应用实例

本节将用两个实例来演示 Caffe 的应用。第一个实例为由 Caffe 实现的车型识别，第二个实例为目标的检测与定位。这两个案例都是深度学习中较为典型的应用。车型识别源自笔者团队在中国搜索承担的研发项目 **国搜识图**，网址：shitu. chinaso. com。国搜识图可以自动识别用户上传图片中的物体，并找出与其相似的图片，也就是我们常听到的识图和以图搜图。

国搜识图的识图功能正是用卷积神经网络实现的，而以图搜图功能也用到了深度卷积神经网络，与淘宝的拍立淘以图搜同款衣服的原理类似。虽然国搜识图可以对 2000 多类物体进行自动识别，但是在日常生活中，特定垂直领域的图像识别有着更为广阔的应用前景，例如，接下来的第一个实例中的车型识别就是其中一个有趣的应用。通过对大量带标签的汽车图片的训练，机器可自动识别出是何种车型。第二个实例中的目标检测与定位则应用了 Faster R-CNN。在智能交通和智能安防等领域有着广泛的应用。

在介绍应用实例之前，再简要回顾一下计算机视觉领域一个经典的数据库 ImageNet。ImageNet 是目前世界上最大的图像识别数据库，由斯坦福大学计算机系李飞飞教授和普林斯顿大学计算机系李凯教授联合创建。该数据库采用众包的方式于 2009 年正式完成，数据库中包含 1500 万张照片，涵盖 22 000 种按照英语单词分类组织的物体。ImageNet 诞生后，斯坦福大学每年都会组织竞赛（ImageNet 大规模图像识别挑战赛，ILSVRC），邀请谷歌、微软、英特尔等 IT 巨头，香港中文大学、UIUC 等世界名校和全球各顶尖研究团队以该数据库测试其识别系统，该竞赛也被称为计算机视觉领域的奥林匹克，详情可见 http://www. image-net. org/。与 ImageNet 类似，中国搜索与中科大联合团队通过对互联网上各类车型图片数据的爬取，创建了一个包含 110 万张图片的车型数据库，该数据库包含了 671

种不同型号的车辆,已经完成了车型识别的应用,下文要讲的实例只是车型识别应用中的一小部分。

4.3.1　车型识别

本节介绍垂直领域图像识别的一个有趣应用:车型识别。想象有一款 APP,遇到不认识的车,拍张照片就能告诉你汽车的品牌、型号和款式等信息,这是一件多么令人兴奋的事。其实这种车型识别功能利用深度卷积神经网络是可以实现的,本节将简要地介绍车型识别的实现原理。车型识别看似复杂,其实原理与 3.2.3 节所述的手写数字识别无异,都是利用有标签的数据和神经网络进行训练,最终达到自动识别的目的。只是汽车图片比手写数字图片要复杂得多,需要采集每个车型多角度的图片作为训练集,再利用深度卷积神经网络进行训练。Caffe 的出现使得深度神经网络的搭建过程大大简化,本节的车型识别正是利用了 Caffe 工具和 GoogLeNet 的模型,接下来详细介绍实现的过程。

1. Caffe 安装

利用 Caffe 搭建深度神经网络首先要安装 Caffe,由于 Caffe 原作最初多部署于 Ubuntu 系统,故本书就以 Ubuntu 为例搭建 Caffe 环境。我们的服务器安装的是 Ubuntu 14.04 版本,配置为:Intel Core(TM) i7-2600 CPU @ 3.40GHz,内存 4.0GB。安装 Caffe 首先要安装一些依赖包,可通过以下命令进行安装:

```
$ sudo apt-get install libprotobuf-dev libleveldb-dev libsnappy-dev libopencv-
  dev libhdf5-serial-dev protobuf-compiler
$ sudo apt-get install --no-install-recommends libboost-all-dev
$ sudo apt-get install libatlas-base-dev
$ sudo apt-get install libgflags-dev libgoogle-glog-dev liblmdb-dev
```

Caffe 的依赖中,protobuf 为 Google 公司的开源项目,功能类似于 XML 但性能优于 XML。根据官方定义,protobuf 是一种用于通信协议和数据存储的结构化数据串行方法,它与语言、平台无关且扩展性良好。leveldb 是一个 C++程序库,也是一个可以处理上亿级别的键值型数据的 C++程序引擎,通过 C++程序调用 leveldb 的接口可以高效存储和处理键值数据。leveldb 的应用实例如下:

```
int main(int argc,char**argv){
  leveldb::DB*db;
```

```
leveldb::Options options;
options.create_if_missing=true;
//打开一个数据库实例
leveldb::Status status=leveldb::DB::Open(options,"/tmp/testdb",&db);
// LevelDB 提供了 Put、Get 和 Delete 三个方法对数据库进行添加、查询和删除
std::string key="key";
std::string value="value";
//添加 key=value
status=db->Put(leveldb::WriteOptions(),key,value);
//在对数据库进行了一系列的操作之后,需要对数据库进行关闭
delete db;
return 0;
}
```

snappy 是一个压缩库,具有高速的压缩速度和合理的压缩率,压缩速度大概可以达到 250MB/s 或者更快,解压缩速度可以达到大约 500MB/s 或更快。snappy 在 Google 内部广泛使用,从 BigTable、MapReduce 到公司内部的 RPC 系统。

OpenCV 是一个开源的跨平台计算机视觉库,主要实现图像处理方面的一些通用算法以及一些机器学习算法,OpenCV 中大部分图像处理函数内部已经通过代码实现了图像算法的 GPU 加速。

hdf5 是用于存储科学数据的文件格式和库文件,其最大的优点是能够容纳不同类型的数据。它被设计并实现以满足科学数据存储不断增加和数据处理不断变化的需求,其支持管理的文件大于 2GB。hdf5 函数库提供了用于创建、存取、处理 hdf5 文件和对象的程序接口。

boost 是一个准标准库,相当于 STL 的延续和扩充,它的设计理念和 STL 比较接近,都是利用泛型,让复用达到最大化。不过对比 STL,boost 更加实用。STL 集中在算法部分,而 boost 包含了不少工具类,可以完成比较具体的工作。boost 主要包含以下几个大类:字符串及文本处理、容器、迭代子(Iterator)、算法、函数对象和高阶编程等。

ATLAS(Automatically Tuned Linear Algebra Software)是一种跨平台的线性代数软件,它针对不同的 CPU 及其支持的指令集进行了优化,在进行代数运算时获得相对更快的速度,对大规模的代数运算有极其明显的提速效果。

Google gflags 是 Google 使用的一个开源库,用于解析命令行标记。写服务程序时,如果需要提供命令行参数,传统的方法是手工解析 argv 参数,或者使用 getopt 函数。这两种方法都比较麻烦。使用 Google gflags 可以大大简化命令行参数处理。Google glog 则是一

个基于程序级记录日志信息的 C++库。

Caffe 依赖的软件安装完毕后,就可以下载 Caffe 源代码并解压到指定的文件夹。

```
$ wget https://github.com/BVLC/caffe/archive/master.zip
$ unzip master.zip
$ move caffe- master /usr/local/caffe
$ cd /usr/local/caffe
$ cp Makefile.config.example Makefile.config
```

Makefile.config 为配置文件模板,接下来的应用中会对其进行修改。在解压后的文件夹下,使用 ls 命令查看 Caffe 的文档结构,如图 4.11 所示,其中 include 文件夹存放头文件。

图 4.11　解压后 Caffe 文档结构

安装前首先需要修改配置文件,配置文件 Makefile.config 在 Caffe 根目录下,文件安装包提供了配置文件的模板,修改配置文件中的主要配置项。去掉文件中的注释符号"#",如下:

```
CPU_ONLY :=1
WITH_PYTHON_LAYER :=1
```

然后使用 make all 指令进行编译安装,并使用安装包中的测试样例检查安装是否完整,如图 4.12 所示。

```
$ make all
```

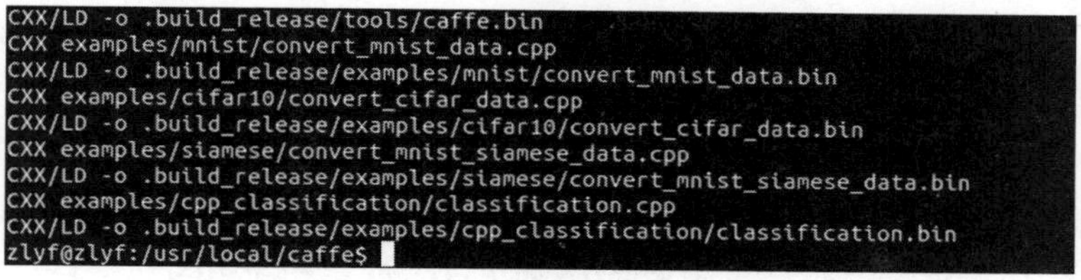

图 4.12　make all 运行结果截图

make 后的目录结构如图 4.13 所示。

```
zlyf@zlyf:/usr/local/caffe$ ls
build              data         INSTALL.md                models
caffe.cloc         distribute   LICENSE                   python
cmake              docker       Makefile                  README.md
CMakeLists.txt     docs         Makefile.config           scripts
CONTRIBUTING.md    examples     Makefile.config.example   src
CONTRIBUTORS.md    include      matlab                    tools
```

图 4.13　caffe 文档结构

```
$ make test
```

make test 后的运行结果如图 4.14 所示。

```
LD .build_release/src/caffe/test/test_multinomial_logistic_loss_layer.o
LD .build_release/src/caffe/test/test_internal_thread.o
LD .build_release/src/caffe/test/test_data_layer.o
LD .build_release/src/caffe/test/test_filter_layer.o
LD .build_release/src/caffe/test/test_reduction_layer.o
LD .build_release/src/caffe/test/test_deconvolution_layer.o
zlyf@zlyf:/usr/local/caffe$
```

图 4.14　make test 运行结果截图

```
$ make runtest
```

make runtest 后的运行结果如图 4.15 所示。

```
[----------] 2 tests from HingeLossLayerTest/1, where TypeParam = caffe::CPUDevi
ce<double>
[ RUN      ] HingeLossLayerTest/1.TestGradientL2
[       OK ] HingeLossLayerTest/1.TestGradientL2 (0 ms)
[ RUN      ] HingeLossLayerTest/1.TestGradientL1
[       OK ] HingeLossLayerTest/1.TestGradientL1 (0 ms)
[----------] 2 tests from HingeLossLayerTest/1 (0 ms total)

[----------] Global test environment tear-down
[==========] 1090 tests from 150 test cases ran. (45093 ms total)
[  PASSED  ] 1090 tests.
zlyf@zlyf:/usr/local/caffe$
```

图 4.15　make runtest 运行结果截图

最后还需要安装 numpy。numpy 是 Python 中负责科学计算的基础包。然后运行 make pycaffe 生成 pycaffe.so 文件,这是一个动态库文件,在以后的模型应用中将被频繁使用。如果在以后的代码中 import caffe 时报错,多是因为此文件没有生成成功或者没有配置如图 4.16 所示的环境变量。到此安装的 Caffe 就可以使用了。如果读者需要使用 GPU,则修改对应的配置项并安装 CUDA 的驱动即可。

```
$ sudo apt-get install python-numpy
$ make pycaffe
```

```
zlyf@zlyf:/usr/local/caffe$ make pycaffe
CXX/LD -o python/caffe/_caffe.so python/caffe/_caffe.cpp
touch python/caffe/proto/__init__.py
PROTOC (python) src/caffe/proto/caffe.proto
```

图 4.16　make pycaffe 运行结果截图

```
$ make distribute
```

make distribute 后的运行结果如图 4.17 所示。

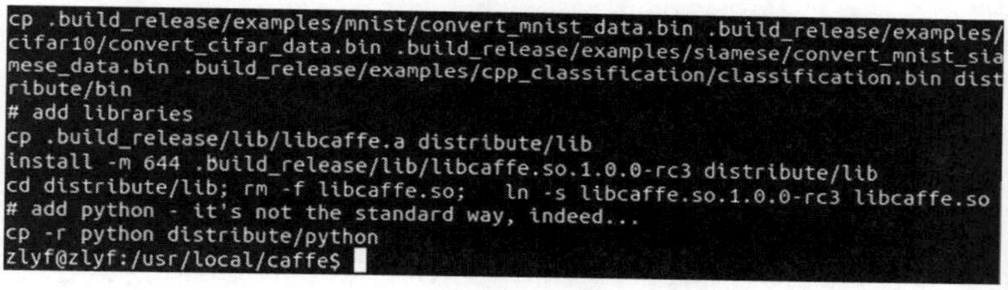

```
cp .build_release/examples/mnist/convert_mnist_data.bin .build_release/examples/
cifar10/convert_cifar_data.bin .build_release/examples/siamese/convert_mnist_sia
mese_data.bin .build_release/examples/cpp_classification/classification.bin dist
ribute/bin
# add libraries
cp .build_release/lib/libcaffe.a distribute/lib
install -m 644 .build_release/lib/libcaffe.so.1.0.0-rc3 distribute/lib
cd distribute/lib; rm -f libcaffe.so;   ln -s libcaffe.so.1.0.0-rc3 libcaffe.so
# add python - it's not the standard way, indeed...
cp -r python distribute/python
zlyf@zlyf:/usr/local/caffe$
```

图 4.17　make distribute 运行结果截图

执行完后修改 bashrc 文件，添加如下环境变量，使得 Python 能够找到 Caffe 的依赖。

```
PYTHONPATH=$ {HOME}/caffe/distribute/python:$ PYTHONPATH
LD_LIBRARY_PATH= $ {HOME}/caffe/build/lib:$ LD_LIBRARY_PATH
```

2. 数据准备

Caffe 安装完毕后，就可以开始车型识别的实验。Caffe 提供了一个现成的神经网络框架，只须将训练及测试数据导入 Caffe 根目录下的 data 文件夹，将模型导入 models 文件夹，并修改相应的参数即可进行训练。

首先进行数据准备，车型识别的数据是一些汽车图片。关于汽车图片的获取渠道有两个：从互联网上爬取的图片数据和某些学术数据集。后者如中科院汤晓欧教授团队在2015 年的 CVPR 上公布的 CompCars 数据集。本书使用 Scrapy 爬虫从互联网上爬取了一些高质量的汽车图片，并做了相应的标签。

市面上汽车的种类非常庞杂，为了能让机器识别出汽车的型号，就必须对所有这些型号的汽车图像数据进行训练，但是本书为了说明原理，只选取了 5 个车型进行训练。这 5

个车型分别是别克君越、大众迈腾、奥迪 A6、宝马 7 系、雪佛兰科迈罗，对应的类标签分别为 0、1、2、3、4。

训练集中有别克君越、大众迈腾、奥迪 A6、宝马 7 系和雪佛兰科迈罗的图片各若干张。由于从互联网爬取的汽车图片尺寸各异，需要对图片进行预处理，即将图片尺寸统一到 256×256 像素。具体方法为，先按照将最小边缩放到 256 的比例系数进行整体缩放，然后对长边以中心为基准向两边分别等长裁剪，保留 256 长度，这样基本可以保证在图片不变形的同时突出汽车主体。代码如下：

```
import os
importcv2
fromPIL import Image
from PIL import ImageOps
concrete_path='~/test/org.jpg'
concrete_path_256='~/test/org_256.jpg'
img=cv2.imread(concrete_path)
img4crop=Image.fromarray(img)
img_256=np.array(ImageOps.fit(img4crop,(256,256)))
cv2.imwrite(concrete_path_256,img_256)
```

预处理后的部分雪佛兰科迈罗训练图片如图 4.18 所示。由图可知，训练集中包含了各种颜色、各种角度的雪佛兰科迈罗图片，其光线和背景也各不相同。显然情况要远远复杂于 3.2.3 节介绍的二值图像的手写数字识别。

处理后的训练数据按照标签保存，标签为 0 的数据（即别克君越）保存在文件夹 0 中；标签为 1 的数据（即大众迈腾）保存在文件夹 1 中，以此类推。文件夹 0 至文件夹 4 存放在 Caffe 根目录的 data/car/train 文件夹下，在 data/car 路径下，通过以下脚本把文件夹下的图片路径和类别标签保存到 train.txt 文件中。train.txt 文件中的内容格式如图 4.19 所示。

```
# !/bin/bash
for F in 'find ./train-name*.jpg| cut-d '/'-f 2-4' ; do echo-n $ F "  ">>train.txt;
echo-n $ F|cut-f 2-d '/'>>train.txt ; done
```

测试集中每类选取了 4 张图片用于测试，与训练集一样，分别存放在文件夹 0 至 4 中，所有测试图片放置于 data/car/test 文件夹下，在 data/car 路径下，通过与以上训练数据类似的方法把文件夹下的图片路径和类标签保存在 test.txt 中。

图 4.18　部分雪佛兰科迈罗训练图片

```
zlyf@zlyf-OptiPlex-990: /usr/local/caffe/data/car
train/4/116.jpg      4
train/4/125.jpg      4
train/4/172.jpg      4
train/4/103.jpg      4
train/4/139.jpg      4
train/4/128.jpg      4
train/4/162.jpg      4
train/4/126.jpg      4
train/4/111.jpg      4
```

图 4.19　文件 train. txt 中的内容格式

　　转换训练集和测试集的图像文件到 lmdb 数据库。Caffe 生成的数据分为 lmdb 和 lev-eldb 两种。它们都是键/值对(Key/Value Pair)嵌入式数据库管理系统编程库。虽然 lmdb 的内存消耗是 leveldb 的 1.1 倍,但是速度比 leveldb 快 10%~15%,更重要的是,lmdb 允许多种训练模型同时读取同一组数据集。因此，lmdb 取代了 leveldb 成为 Caffe 默认的数据集生成格式。Caffe 提供了 convert_imageset 工具，它能够把图片格式的文件转化成 lmdb 格式的数据文件，本例的输入数据即为 lmdb 格式。通过下面的指令将在 car 文件夹下生成 car_train_lmdb 和 car_val_lmdb 文件夹。到此实验数据准备完毕。

```sh
# !/usr/bin/env sh
EXAMPLE=/usr/local/caffe/data/car
DATA=/usr/local/caffe/data/car
TOOLS=/usr/local/caffe/.build_release/tools

TRAIN_DATA_ROOT=/usr/local/caffe/data/car
VAL_DATA_ROOT=/usr/local/caffe/data/car

RESIZE_HEIGHT=256
RESIZE_WIDTH=256

GLOG_logtostderr=1 $ TOOLS/convert_images? et \\
    --resize_height=$ RESIZE_HEIGHT \\
    --resize_width=$ RESIZE_WIDTH \\
    --shuffle \\
    $ TRAIN_DATA_ROOT \\
    $ DATA/train.txt \\
    $ EXAMPLE/car_train_lmdb
GLOG_logtostderr=1 $ TOOLS/convert_imageset \\
    --resize_height=$ RESIZE_HEIGHT \\
    --resize_width=$ RESIZE_WIDTH \\
    --shuffle \\
    $ VAL_DATA_ROOT \\
    $ DATA/test.txt \\
    $ EXAMPLE/car_val_lmdb
```

3. 模型训练

回想 3.2.3 节，为了完成手写数字识别的任务，那里使用 Pybrain 搭建了一个只包含单隐藏层的神经网络，该隐藏层只有 30 个节点。虽然该神经网络结构非常简单，训练任务也不复杂，但是当使用 0～9 的全部数据进行训练时，在只有 CPU 的服务器上还是运行了 3 天之久。

显而易见，车型识别比手写数字识别要困难得多，采用的深度卷积神经网络的结构也远远复杂于手写数字识别采用的三层神经网络。故此,从零开始训练车型识别模型的时间开销是巨大的。为了减少时间开销,可在已有模型的基础上进行训练。其原理是,一些高校和科研机构已经训练好了一些神经网络模型,这些模型多在 ILSVRC 挑战赛中取得了较好的名次,是普适的物体识别模型。

前面在介绍 CNN 原理部分时已经讲到,视觉系统对物体的识别是分层的,且随着层次的由低到高,越来越抽象。低层的卷积特征以方向线段为主,高层则以较大的拐角及形状为主,即使不同物体,低层特征也往往具有很大的相似性,这就给我们利用现有模型进行训练提供了可能。利用现有模型进行训练即修改现有模型的输出层,对之前的各层在现有模型参数的基础上进行微调。由于现有模型已经通过大规模的图像训练出很多有用的参数,底层的网络获得了大量视觉的特征,而某些视觉特征是通用的。这样的话,利用已有的模型就可以用较少量的图像在较短时间内训练出精度较高的模型,这种方法称为迁移学习。

在已有模型的选择上,当前图像识别领域有三个主要模型,分别是 AlexNet、GoogLeNet 以及 VGG。

AlexNet 是 ILSVRC 2012 的冠军,其网络结构正是由深度学习三大传奇之一的 Geoffrey Hinton 和其弟子 Alex Krizhevsky 提出的。AlexNet 包涵 8 个层,其中包括 5 个卷积层和 3 个全连接层,其在 ILSVRC 上极其优秀的表现,直接推动了深度学习在计算机视觉方向的进一步发展。

VGG 是由牛津大学 Andrew Zisserman 教授团队提出的,在 ILSVRC 2014 上表现不俗,取得了定位和分类两个问题的冠军和亚军。它是一个 16～19 层的深度模型,其模型设计上跟 AlexNet 极其相似,区别仅仅在于其更深的网络结构(更多的卷积层)以及更小的卷积窗口(统一为 3×3)。其在物体识别上,性能较 AlexNet 更为优越,目前已经成为基于物体识别的图片标题生成等更深层次的语义理解工作的基础。

GoogLeNet 同样在 ILSVRC 2014 取得了不俗的成绩,是一个 22 层的深度模型,与 VGG 堆叠卷积层不同,其主要通过 Inception 结构即采用不同尺度的卷积核来处理多尺度问题,实现了在不大幅度增加计算量的情况下让网络走向更深层次。同时其在 ILSVRC 2014 以及项目组的测试表明,其性能完全不输 VGG,甚至更优越。

本例采用 GoogLeNet 作为基础模型。下载地址如下:

http://dl. caffe. berkeleyvision. org/bvlc_googlenet. caffemodel

首先将以上 GoogLeNet 模型文件下载至 Caffe 根目录下的 models/ bvlc_googlenet 文

件夹中。在 models 文件夹下创建 carnet 文件夹并复制 bvlc_googlenet 文件夹下的所有文件到 carnet 文件夹。显然，carnet 就是车型识别实验中存放模型和配置文件的文件夹。主要的文件包括 solver. prototxt、train_val. prototxt 和 deploy. prototxt 等。其中 solver. prototxt 定义了训练时需要的参数，原始文件的内容如下：

```
net:"models/bvlc_googlenet/train_val.prototxt"
test_iter:1000
test_interval:4000
test_initialization:false
display:40
average_loss:40
base_lr:0.01
lr_policy:"step"
stepsize:320000
gamma:0.96
max_iter:10000000
momentum:0.9
weight_decay:0.0002
snapshot:40000
snapshot_prefix:"models/bvlc_googlenet/bvlc_googlenet"
solver_mode:GPU
```

其中有些参数需要根据当前实例的实际情况来修改，例如 net 参数需要改为本例模型文件夹中 train_val 文件的路径：

```
net:"models/carnet/train_val.prototxt"
```

Caffe 的运行流程规定，模型的训练过程中会不断把测试数据集的部分图像输入到模型，查看模型的精度。test_iter 代表每次测试的图片数量，如果图片测试集比较大时，每次测试选取少量图片进行测试，会节省时间。test_interval 代表测试周期。本例中参数设置如下：

```
test_iter:20
test_interval:200
```

该设置表示每次选取 20 张图像进行测试，模型训练过程中每迭代 200 次进行一次测试。

　　base_lr 为基础学习率或基础步长，正是 3.2.2 节公式(3-11)中的学习率 α。lr_policy 表示学习训练过程中学习率的改变方式，每 stepsize 次迭代后学习率乘以 gamma，此处基础学习率为 0.001，模型每迭代 600 次，学习率降为原来的十分之一。一般而言，在当前学习率上，训练误差不再变化时，就需要适当减小学习率。参数设置如下：

```
base_lr:0.001
lr_policy:"step"
stepsize:600
gamma:0.1
```

　　max_iter 为整个训练过程的迭代次数，可以根据经验或者收敛速度、测试的精度来设定。此处为了说明算法的原理，节省训练时间，设置最大的迭代次数设为 2000。momentum 为上一次梯度更新的权重。snapshot 为训练过程中模型快照的存储时机，此处训练每迭代 500 次保存一次结果，以后的训练就能够以存储的快照为基础重启训练过程。snapshot_prefix 为快照存储的位置。solver_mode 设置训练的平台，这里选择 CPU。由此可得参数设置如下：

```
max_iter:2000
momentum:0.9
snapshot:500
snapshot_prefix:"models/carnet/car"
solver_mode:CPU
```

　　train_val. prototxt 文件包含了网络和层的详细配置。原始文件的内容如下：

```
name:"GoogleNet"
layer {
  name:"data"
  type:"Data"
  top:"data"
  top:"label"
  include {
    phase:TRAIN
  }
  transform_param {
    mirror:true
    crop_size:224
```

```
    mean_value:104
    mean_value:117
    mean_value:123
  }
  data_param {
    source:"examples/imagenet/ilsvrc12_train_lmdb"
    batch_size:32
    backend:LMDB
  }
}
layer {
  name:"data"
  type:"Data"
  top:"data"
  top:"label"
  include {
    phase:TEST
  }
  transform_param {
    mirror:false
    crop_size:224
    mean_value:104
    mean_value:117
    mean_value:123
  }
  data_param {
    source:"examples/imagenet/ilsvrc12_val_lmdb"
    batch_size:50
    backend:LMDB
  }
}
layer {
  name:"conv1/7x7_s2"
  type:"Convolution"
  bottom:"data"
  top:"conv1/7x7_s2"
  param {
    lr_mult:1
    decay_mult:1
  }
  param {
```

```
    lr_mult:2
    decay_mult:0
  }
  convolution_param {
    num_output:64
    pad:3
    kernel_size:7
    stride:2
    weight_filler {
      type:"xavier"
    }
    bias_filler {
      type:"constant"
      value:0.2
    }
  }
}
...
layer {
  name:"loss3/classifier"
  type:"InnerProduct"
  bottom:"pool5/7x7_s1"
  top:"loss3/classifier"
  param {
    lr_mult:1
    decay_mult:1
  }
  param {
    lr_mult:2
    decay_mult:0
  }
  inner_product_param {
    num_output:1000
    weight_filler {
      type:"xavier"
    }
    bias_filler {
      type:"constant"
      value:0
    }
  }
}
```

```
layer {
  name:"loss3/loss3"
  type:"SoftmaxWithLoss"
  bottom:"loss3/classifier"
  bottom:"label"
  top:"loss3/loss3"
  loss_weight:1
}
layer {
  name:"loss3/top-1"
  type:"Accuracy"
  bottom:"loss3/classifier"
  bottom:"label"
  top:"loss3/top-1"
  include {
    phase:TEST
  }
}
layer {
  name:"loss3/top-5"
  type:"Accuracy"
  bottom:"loss3/classifier"
  bottom:"label"
  top:"loss3/top-5"
  include {
    phase:TEST
  }
  accuracy_param {
    top_k:5
  }
}
```

在实验中，train_val.prototxt 需要改动的地方已经加粗标出。文件中定义的第一个层和第二个层为数据层，分别指示了训练集输入数据和测试集输入数据的位置。由 phase 参数分别标识为 TRAIN 和 TEST，其 source 参数分别改为：

```
source:"/usr/local/caffe/data/car /car_train_lmdb"
source:"/usr/local/caffe/data/car /car_val_lmdb"
```

指向的正是数据准备部分生成的 car_train_lmdb 和 car_val_lmdb 文件夹的位置。倒数第

四个层为输出层,因为本实验中只区分 5 种车型,故此将 num_output 参数改为如下:

```
num_output:5
```

deploy.prototxt 文件用于测试阶段,原始文件的内容如下:

```
name:"GoogleNet"
layer {
  name:"data"
  type:"Input"
  top:"data"
  input_param { shape:{ dim:10 dim:3 dim:224 dim:224 } }
}
layer {
  name:"conv1/7x7_s2"
  type:"Convolution"
  bottom:"data"
  top:"conv1/7x7_s2"
  param {
    lr_mult:1
    decay_mult:1
  }
  param {
    lr_mult:2
    decay_mult:0
  }
  convolution_param {
    num_output:64
    pad:3
    kernel_size:7
    stride:2
    weight_filler {
      type:"xavier"
      std:0.1
    }
    bias_filler {
      type:"constant"
      value:0.2
    }
  }
}
```

```
...
layer {
  name:"loss3/classifier"
  type:"InnerProduct"
  bottom:"pool5/7x7_s1"
  top:"loss3/classifier"
  param {
    lr_mult:1
    decay_mult:1
  }
  param {
    lr_mult:2
    decay_mult:0
  }
  inner_product_param {
    num_output:1000
    weight_filler {
      type:"xavier"
    }
    bias_filler {
      type:"constant"
      value:0
    }
  }
}
layer {
  name:"prob"
  type:"Softmax"
  bottom:"loss3/classifier"
  top:"prob"
}
```

在实验中,deploy.prototxt 需要改动的地方已经加粗标出。该文件倒数第二个层为输出层,只需要将 num_output 参数改为:

```
num_output:5
```

此外,实验中虽然使用了 GoogLeNet 模型,但是本例用以重新训练来完成车型识别的任务,因此 train_val.prototxt 和 deploy.prototxt 文件的首行都可改为:

```
name:"CarNet"
```

deploy. prototxt 中需要说明的是：

```
layer {
  name:"data"
  type:"Input"
  top:"data"
  input_param { shape:{ dim:10 dim:3 dim:224 dim:224 } }
}
```

该层对数据集进行了扩充，具体的方法为从输入图像中随机选取 224×224 大小的图像，然后进行镜像，如图 4.20 所示。

(a)原图　　　　　(b)中心选取后的图片　　　(c)镜像后的图片

图 4.20　原图、中心选取以及镜像后的图片

在 input_param 的 shape 中：

- dim:10 表示对输入样本进行 10 倍的扩充，一般会对每张图片随机截取 5 张 224×224 像素的图像，再对每张截取的图像进行镜像。
- dim:3 表示输入图像的通道数，若图像为 RGB 图像，则通道数为 3，设置该值为 3；若图像为灰度图，通道数为 1，则设置该值为 1。
- dim:224 表示随机截取图像的宽度，可以通过网络配置文件的数据层中的 crop_size 来获取。
- dim:224 表示随机截取图像的高度，同样可以通过网络配置文件的数据层中的 crop_size 来获取。

本例中，损失函数选用 softmax 损失函数，其目的在于最大化目标类别的概率。训练过程中，通过 mini-batch 梯度下降法进行参数寻优以最小化损失函数，这样既在一定程度上克服了随机梯度下降法容易陷入局部最优的问题，又在一定程度上避开了梯度下降法训练缓慢的弊端。考虑程序的并行性以及内存限制，batch 大小设置为 32。至此，配置文件的修改已经完毕。在 Caffe 根目录下执行以下命令：

```
./build/tools/caffe train--solver=models/carnet/solver.prototxt --weights=models/carnet/bvlc_googlenet.caffemodel
```

取得如下结果：

```
    ...
Iteration 200,Testing net (# 0)
    Test net output # 0:loss1/loss1=1.42042 (*0.3=0.426127 loss)
    Test net output # 1:loss1/top- 1=0.55
    Test net output # 2:loss1/top- 5=1
    Test net output # 3:loss2/loss1=0.966234 (*0.3=0.28987 loss)
    Test net output # 4:loss2/top- 1=0.6
    Test net output # 5:loss2/top- 5=1
    Test net output # 6:loss3/loss3=0.869595 (*1=0.869595 loss)
    Test net output # 7:loss3/top- 1=0.65
    Test net output # 8:loss3/top- 5=1
Iteration 200,loss=0.0944391
    Train net output # 0:loss1/loss1=0.139235 (*0.3=0.0417705 loss)
    Train net output # 1:loss2/loss1=0.0990057 (*0.3=0.0297017 loss)
    Train net output # 2:loss3/loss3=0.0384224 (*1=0.0384224 loss)
...
Iteration 2000,loss=0.00447355
Iteration 2000,Testing net (# 0)
    Test net output # 0:loss1/loss1=1.14592 (*0.3=0.343776 loss)
    Test net output # 1:loss1/top- 1=0.6
    Test net output # 2:loss1/top- 5=1
    Test net output # 3:loss2/loss1=1.31084 (*0.3=0.393251 loss)
    Test net output # 4:loss2/top- 1=0.6
    Test net output # 5:loss2/top- 5=1
    Test net output # 6:loss3/loss3=0.844086 (*1=0.844086 loss)
    Test net output # 7:loss3/top- 1=0.8
    Test net output # 8:loss3/top- 5=1
Optimization Done.
```

训练生成了模型的二进制文件 car_iter_2000.caffemodel。从运行结果可知，在模型训练迭代到 200 次时，loss 为 0.0944391，第一张图片返回的测试精度 top1 从 0.55 到 0.65，当模型迭代到 2000 次时 loss 将为 0.00447355,测试的精度 top1 提高到 0.6 到 0.84。在整个训练过程中 loss 值的整体趋势是在不断减小,局部有震荡。模型的精度是整体在增加,局部有震荡。此处为了节省时间设置了比较少的迭代次数,如果想得到更高精度的模型,读者可以增加迭代次数,并设置相应的学习率和更新频次。

4. 模型验证

模型训练完毕后,可通过测试图片对其进行验证。为了查看程序执行的中间过程并得到更好的可视化结果,此处采用 ipython、jupyter 和 matpotlib 三个工具。ipython 是一个比较好的 Python shell 交互命令行界面;jupyter 即原来的 ipython notebook 升级版,是基于网页的 ipython 封装,提供了可视化的交互页面,可将程序段和相应的运行结果展示在同一网页上;matpotlib 是 Python 的一个 2D 图形框架。采用以下命令安装上述工具:

```
$ sudo apt-get install python-pip
$ sudo pip install ipython
$ sudo pip install jupyter
$ sudo pip install matplotlib
$ sudo apt-get install python-skimage
$ sudo apt-get install python-protobuf
$ sudo apt-get install python-yaml
```

安装完毕后,在 Caffe 根目录下运行:

```
$ jupyter notebook
```

系统会开启一个网页,地址为 localhost:8888/tree,并自动将 Caffe 根目录下的所有文件加载至该网页中,根目录下的所有文件如图 4.21 所示。

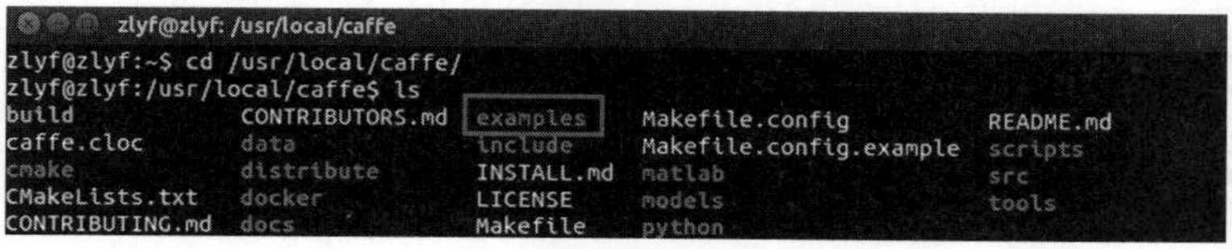

图 4.21　examples 文件夹位置

其中,examples 文件夹存放了 Caffe 自带的一些实例。打开该文件夹,会发现其中有很多.ipynb 文件,ipynb 文件即 ipython notebook 文件,可逐段执行程序,以重现数据分析处理的过程。

examples 文件夹下有一个名为 00-classification.ipynb 的文件,该文件演示了利用 caffenet 模型在 CPU 和 GPU 上识别猫的图片的过程。本节以下要介绍的对车型识别的模型验证正是在该文件的基础上修改而成的。

首先将 00-classification.ipynb 文件在 examples 文件夹下复制并重命名为 car-classification.ipynb 文件,这样在浏览器中的 examples 文件夹下就会显示该文件,如图 4.22 所示。

图 4.22 car—classification 在 jupyter 中的显示

在浏览器中打开此文件,出现如图 4.23 所示的界面,该界面就是模型验证的界面,在此界面上修改代码,并查看相应的输出结果。

从界面中可以看到,整个验证任务分成了 6 个阶段,分别是:

(1)设置(Setup)。

(2)模型加载与设置输入预处理(Load net and set up input preprocessing)。

(3)CPU 分类(CPU classification)。

(4)GPU 分类(Switching to GPU mode)。

(5)检查中间输出(Examining intermediate output)。

(6)尝试自己的图片(Try your own image)。

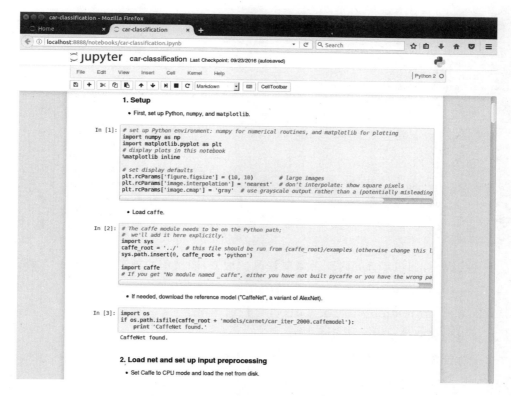

图 4.23　car-classification 模型验证界面

由于很多初学者尚没有使用 GPU 的条件,本文只使用第 1、2、3 和 5 阶段来验证车型识别的模型。以下将按照 car-classification 在 jupyter 中的代码讲解实现过程。

1)设置

首先,设置 Python、numpy 和 matplotlib。

```
import numpy as np
importmatplotlib.pyplot as plt
% matplotlib inline
# 以% 开头的为 IPython 的命令(Magic Command),这里通过% matplotlib inline 命令
# 载入 matplotlib 扩展插件,载入此插件之后,图表直接嵌入到 Notebook 之中显示
plt.rcParams['figure.figsize']=(10,10)
plt.rcParams['image.interpolation']='nearest'
plt.rcParams['image.cmap']='gray'
```

其次,加载 Caffe。

```
importsys
caffe_root='../'
sys.path.insert(0,caffe_root + 'python')
import caffe
```

如果需要,请下载参考模型("CaffeNet",AlexNet 的变体)。

```
importos
if os.path.isfile(caffe_root+'models/carnet/car_iter_2000.caffemodel'):
  print 'model found.'
else:
  print 'model not found.'
```

上述代码中,加粗部分的内容为需要修改的地方,即用前面模型训练部分训练好的模型 car_iter_2000. caffemodel 来替换原有的 caffenet 模型,其余部分维持原状。该部分主要是导入 numpy、matplotlib 库,加载 Caffe 并定位训练模型。

2) 模型加载与设置输入预处理

该部分设置了 Caffe 在 CPU 平台上运行,加载了配置文件 deploy. prototxt 和训练模型 car_iter_2000. caffemodel。

```
caffe.set_mode_cpu()

model_def=caffe_root+'models/carnet/deploy.prototxt'
model_weights=caffe_root+'models/carnet/car_iter_2000.caffemodel'

net=caffe.Net(model_def,model_weights,caffe.TEST)
```

caffe. Net()类包括一些重要的操作,如 Forward()在对网络进行初始化之后,运行此函数,网络将进行前向计算,数据通过各个层的传播和计算,最终输出识别结果。Backward()进行反向传播运算,blob()返回层之间传输的数据内容和格式,layers()输出此模型所有层的信息,包括层的类型、结构。

设置输入操作。

```
mu=np.load(caffe_root+'python/caffe/imagenet/ilsvrc_2012_mean.npy')
mu= mu.mean(1).mean(1)
```

```
print 'mean- subtracted values:',zip('BGR',mu)

transformer=caffe.io.Transformer({'data':net.blobs[ 'data' ].data.shape})
transformer.set_transpose('data',(2,0,1))
transformer.set_mean('data',mu)
transformer.set_raw_scale('data',255)
transformer.set_channel_swap('data',(2,1,0))
```

为了保证计算的图像像素值在 0～255,该部分加载了均值文件 ilsvrc_2012_mean.
npy,并设置了输入图像的变换参数。

3)CPU 分类

现在准备分类。

```
net.blobs['data' ].reshape(50,3,224,224)
```

加载图像(从 Caffe 中),并执行设置的预处理。

```
image=caffe.io.load_image(caffe_root+'examples/images/car.jpg')
transformed_image=transformer.preprocess('data',image)
plt.imshow(image)
```

该部分设置了网络的 blob 参数,为图像分配了内存。图像输入的份数被设置为 50,
RGB 图像具有 3 个通道,而图像大小都将被调整为 224×224 像素。将测试图片 car.jpg
放置于 examples/images 文件夹下并加载。该部分执行后的结果如图 4.24 所示。

接下来进行分类。

```
net.blobs['data' ].data[…]=transformed_image
output=net.forward()
output_prob=output['prob'][0]
print'predicted class is:',output_prob.argmax()
```

运行结果为:

```
predicted class is:4
```

该部分的 net.forward()对图像进行了前向操作,输入的测试图像 car.jpg 在经过一系
列层的运算后,最终得到网络的分类结果。如上所示,输出的分类标签是 4,这与训练时的

雪佛兰科迈罗的标签结果一致,说明该模型是可用的。然后直接进入第 5 部分检查中间输出。

图 4.24   车型识别的测试图片——雪佛兰科迈罗

4)检查中间输出

```
for layer_name,blob in net.blobs.iteritems():
    print layer_name+'\\t'+str(blob.data.shape)
```

部分运行结果为:

```
data(1,3,224,224)
conv1/7x7_s2(1,64,112,112)
pool1/3x3_s2(1,64,56,56)
pool1/norm1(1,64,56,56)
conv2/3x3_reduce(1,64,56,56)
conv2/3x3(1,192,56,56)
conv2/norm2(1,192,56,56)
pool2/3x3_s2(1,192,28,28)
pool2/3x3_s2_pool2/3x3_s2_0_split_0(1,192,28,28)
pool2/3x3_s2_pool2/3x3_s2_0_split_1(1,192,28,28)
pool2/3x3_s2_pool2/3x3_s2_0_split_2(1,192,28,28)
pool2/3x3_s2_pool2/3x3_s2_0_split_3(1,192,28,28)
```

```
inception_3a/1x1(1,64,28,28)
inception_3a/3x3_reduce(1,96,28,28)
inception_3a/3x3(1,128,28,28)
inception_3a/5x5_reduce(1,16,28,28)
inception_3a/5x5(1,32,28,28)
inception_3a/pool(1,192,28,28)
inception_3a/pool_proj(1,32,28,28)
inception_3a/output(1,256,28,28)
inception_3a/output_inception_3a/output_0_split_0(1,256,28,28)
inception_3a/output_inception_3a/output_0_split_1(1,256,28,28)
inception_3a/output_inception_3a/output_0_split_2(1,256,28,28)
inception_3a/output_inception_3a/output_0_split_3(1,256,28,28)
inception_3b/1x1(1,128,28,28)
inception_3b/3x3_reduce(1,128,28,28)
inception_3b/3x3(1,192,28,28)
inception_3b/5x5_reduce(1,32,28,28)
inception_3b/5x5(1,96,28,28)
inception_3b/pool(1,256,28,28)
inception_3b/pool_proj(1,64,28,28)
inception_3b/output(1,480,28,28)
pool3/3x3_s2(1,480,14,14)
pool3/3x3_s2_pool3/3x3_s2_0_split_0(1,480,14,14)
pool3/3x3_s2_pool3/3x3_s2_0_split_1(1,480,14,14)
pool3/3x3_s2_pool3/3x3_s2_0_split_2(1,480,14,14)
pool3/3x3_s2_pool3/3x3_s2_0_split_3(1,480,14,14)
inception_4a/1x1(1,192,14,14)
……
inception_5b/pool(1,832,7,7)
inception_5b/pool_proj(1,128,7,7)
inception_5b/output(1,1024,7,7)
pool5/7x7_s1(1,1024,1,1)
loss3/car_classifier(1,5)
prob(1,5)
```

上面的代码输出了各层的名字和参数。各层参数的格式为（batch_size，channel_dim，height，width），其中，batch_size 为 1；channel_dim 为通道维度，height 和 width 分别为该层输出图像的高度和宽度。

以下将会简要介绍一下本例所用的神经网络模型。模型最长输出路径上共有 22 个卷积层，不包括池化层、ReLU 层和归一化层。

　　首先输入 RGB 图像,输入数据层 data(1,3,224,224), batch_size 为 1,通道维度为 3,图像高度和宽度都为 224。图像经过数据层的变换和存储,进入到第一卷积层 conv1/7x7_s2,根据 deploy.prototxt 的配置信息可知第一卷积层 conv1 的 pad 是 3,总共有 64 个特征,特征的卷积核尺寸为 7×7,卷积步长为 2,因此输出特征为 $112 \times 112 \times 64$。然后经过 ReLU(Rectified Linear Units)激活函数,ReLU 用 $f(x) = \max(0,x)$ 作为激活函数来加速收敛,解决了梯度消失问题。激活函数被用在各个卷积层或全连接层输出位置,是深度网络非线性的主要来源。

　　数据进入下一层 MAXpool 后,上面程序输出为 pool1/3x3_s2(1,64,56,56),在此层对输入结果采用 3×3 的核进行池化,步长为 2,输出结果的特征图边长为 $[(112-3+1)/2]+1=56$,特征矩阵维度为 $56 \times 56 \times 64$。然后进入归一化操作层 pool1/norm1(1,64,56,56),其类型为局部响应归一化(LRN)。

　　第二卷积层名为 conv2/3x3_reduce,卷积核尺寸为 1,特征输出维度为 64,之后经过 ReLU,再进入第三卷积层 conv2/3x3,卷积核尺寸为 3×3,pad 为 1,特征输出维度为 192;再输入 ReLU,进行 LRN 归一化,经过池化输出为 pool2/3x3_s2(1,192,28,28),然后开始进入 inception 模型。inception 模型是将 1×1、3×3、5×5 的 conv 和 3×3 的 pooling 堆叠在一起,见图 4.25(a)。这样在不增加神经网络深度的情况下增加了特征图的尺度,从而加强网络对图像特征的适应性。本节使用的 GoogLeNet 神经网络整体结构如图 4.25(b)所示。

```
for layer_name,param in net.params.iteritems():
    print layer_name+'\\t'+str(param[0].data.shape),str(param[1].data.shape)
```

　　运行结果为:

```
conv1/7x7_s2(64,3,7,7) (64,)
conv2/3x3_reduce(64,64,1,1) (64,)
conv2/3x3(192,64,3,3) (192,)
inception_3a/1x1(64,192,1,1) (64,)
inception_3a/3x3_reduce(96,192,1,1) (96,)
inception_3a/3x3(128,96,3,3) (128,)
inception_3a/5x5_reduce(16,192,1,1) (16,)
inception_3a/5x5(32,16,5,5) (32,)
inception_3a/pool_proj(32,192,1,1) (32,)
```

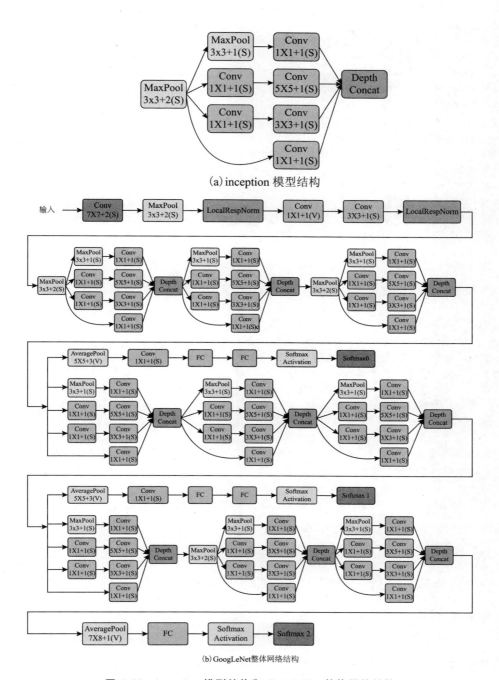

（a）inception 模型结构

（b）GoogLeNet整体网络结构

图 4.25　inception 模型结构和 GoogLeNet 整体网络结构

```
inception_3b/1x1(128,256,1,1) (128,)
inception_3b/3x3_reduce(128,256,1,1) (128,)
inception_3b/3x3(192,128,3,3) (192,)
inception_3b/5x5_reduce(32,256,1,1) (32,)
inception_3b/5x5(96,32,5,5) (96,)
inception_3b/pool_proj(64,256,1,1) (64,)
inception_4a/1x1(192,480,1,1) (192,)
inception_4a/3x3_reduce(96,480,1,1) (96,)
inception_4a/3x3(208,96,3,3) (208,)
inception_4a/5x5_reduce(16,480,1,1) (16,)
inception_4a/5x5(48,16,5,5) (48,)
inception_4a/pool_proj(64,480,1,1) (64,)
inception_4b/1x1(160,512,1,1) (160,)
```

以上部分主要查看模型中的参数信息,通过 net.params 可以输出参数的名称、滤波器形状及数量。这里的输出与 deploy.prototxt 文件中层的结构和参数的定义是一致的。

```
defvis_square(data):
    data=(data-data.min()) / (data.max()-data.min())
    n=int(np.ceil(np.sqrt(data.shape[0])))
    padding=(((0,n ** 2-data.shape[0]),(0,1),(0,1))
            +((0,0),) * (data.ndim-3))
    data=np.pad(data,padding,mode='constant',constant_values=1)
    data=data.reshape((n,n)+data.shape[1:]).transpose((0,2,1,3)+
            tuple(range(4,data.ndim+1)))
    data=data.reshape((n * data.shape[1],n * data.shape[3])+data.shape[4:])
    plt.imshow(data); plt.axis('off')
```

以上部分定义了一个图像显示函数 vis_square(data),用于显示各层的特征。其输入为多维数据矩阵,输出为矩阵的图像表示。

```
filters=net.params['conv1'][0].data
vis_square(filters.transpose(0,2,3,1))
```

以上部分第一行代码输出第一卷积层的参数矩阵,这个数据矩阵代表了一些基础的图像特征。为了能够更形象表示这些特征数据,第二行代码调用 vis_square()函数,以图像的形式直观地表示了特征参数矩阵。运行结果如图 4.26 所示。

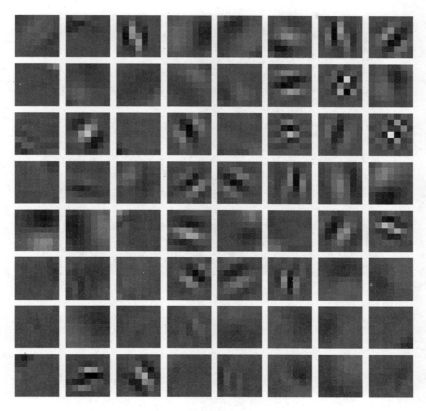

图 4.26　第一卷积层权值的图形显示(见彩插)

以上代码部分显示了第一卷积层的参数结构,并将参数以图像的方式展示出来。net. params['conv1'][0]. data 表示 conv1 层的 w 权值参数,net. params['conv1'][1]. data 表示 conv1 层的 b 偏置参数。可以看到这层训练得到权重和偏置参数,多偏向于单一的线特征和点特征,属于比较初级的特征值。

```
feat=net.blobs['conv1/7x7_s2'].data[0,:20]
vis_square(feat)
```

以上部分的变量 feat 是第一卷积层作用于输入图像之后的结果数据,图像被不同的基础特征卷积后会得到如下效果图。不同的特征卷积核,会产生不同的效果,点特征卷积后会得到关键点图,线特征卷积后会得到对应方向的线检测图。

运行结果如图 4.27 所示。

图 4.27   图像通过第一卷积层之后的结果

图 4.27 展示了输入图像与第一层特征卷积层作用之后输出的前 20 张图片。从这 20 张图片可以看出,训练出来的卷积特征以点特征和线特征为主,因此作用后的图像也是由小的点和线拼成,这些点线连接之后形成了图像原有的基本形状。

```
feat=net.blobs['inception_5a/output'].data[0,:20]
vis_square(feat)
```

以上部分代码输出的是卷积核 inception_5a/output 作用于输入图像的结果。此处的卷积方法与第一卷积层相同,不同的是卷积核参数。inception_5a 包含更高级特征,并且经过前几层卷积滤波,此处的输出结果图主要包含高级区块特征。

运行结果如图 4.28 所示。

4.1 节阐述 CNN 原理时提到,多层 CNN 借鉴了人脑视觉皮层的工作原理,首先提取较为具体的物体边缘特征,再提取较为抽象的物体的部分特征,最后对整个物体进行辨识。本例用到的 GoogLeNet 模型正是一个具有 22 个卷积层的深度卷积神经网络,其每一层都会获得不同级别的特征。图 4.28 所示的正是图像通过第 5 个 inception 所得的输出结果。第 5 个 inception 属于比较高级的层,因此提取的是比较长的线及拐角或色块等抽象的特征,图像提取出的结果也多为块状结构,再也见不到比较具体的图像边缘。图 4.27 和

图 4.28形象地展示了图像通过低级层和高级层之后所得到的不同抽象程度的特征,很好地印证了深度神经网络特征提取由具体到抽象的工作原理。

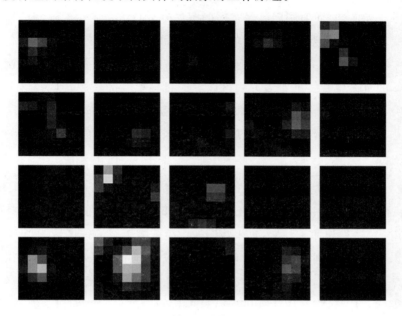

图 4.28　图像通过第 5 个 inception 的输出结果

4.3.2　目标检测

上一节所讲的车型识别是图片分类(image classification)的一个典型应用,深度学习在图像识别领域还有一个重要的应用就是目标检测(object detection)。与图片分类不同的是,目标检测需要将图片中所有的物体都识别且定位,例如某些数码相机在拍摄合影的时候,会将取景框中的所有人脸以不同颜色的方框标识出来,这就是人脸检测——目标检测的一个特例。

目前目标检测方向性能较好的技术有 Faster R-CNN、YOLO 和 SSD 等。Faster R-CNN 是 R-CNN 和 Fast R-CNN 的改进版,可以说 R-CNN、Fast R-CNN 和 Faster R-CNN 是同一系列的算法,而 YOLO 和 SSD 与 Faster R-CNN 相比在精度和检测时间上各有所长,这些算法都是当前目标检测的主流算法。本节将会简要介绍一下这些算法的原理,并给出 Faster R-CNN 算法的一个应用实例。

4.3.1 节已经讲了一个车型识别的小例子,该例子同中国搜索的识图频道(shitu. chinaso. com)一样,属于图片分类的应用。图片分类只需要识别出图中的物体即可,而目标检测的要求则高得多,既要识别出图中所有的物体,还要找出相应物体的位置。如果读者对目标检测技术一无所知,如何利用已经掌握的图片分类技术完成目标检测的任务呢? 一个最直观的想法就是用不同形状的边框以滑动窗口策略为图片"擦一遍玻璃"。然后对每个滑动窗口做一次图片分类,如果在该滑动窗口中识别出训练集中的物体,则该滑动窗口就标识出此物体的具体位置。虽然该方法可以完成目标检测的任务,但明显效率不高,是一种很暴力的穷举搜索法(exhaustive search)。即使是这样,如果读者能想到这种方法还是一件很值得恭喜的事情,因为这离目前前沿的 R-CNN 系列算法的思路已经不远了。

1. R-CNN

R-CNN 首次将深度学习引入目标检测,其作者 Ross Girshick 多次带领团队在 PAS-CAL VOC 目标检测大赛中夺冠,目前供职于 Facebook 人工智能实验室 FAIR。Girshick 提出的 R-CNN 算法思想非常朴实:首先在图像中生成若干个候选区域,然后对每个候选区域进行图像识别,如果识别出相应的物体,则该区域正好可以标定该物体的位置。这种算法可以看成是前面所讲的利用滑动窗口策略和图像识别技术进行的穷举搜索的一种改进。

为了便于读者理解,将利用计算机进行目标检测的过程比喻成扫雷游戏,图片中所有需要检测的物体就是地雷,这些地雷分布在图片的不同位置,而且形状各异、大小不一。计算机的任务是将所有这些地雷找出来,并且以矩形框标明其具体的位置。基于滑动窗口的穷举法就是计算机用各种不同类型的矩形框从左到右、从上到下扫过图片区域,然后依次识别所框选的区域是否包含地雷。这种方法是很低效的,于是就有算法在图片中生成若干个矩形区域,这些区域很有可能包含地雷,然后对这些区域进行甄别,最终确定地雷的位置。R-CNN 的思路即为后者。这些矩形框在文献中被称为边框(bounding box),从图片中生成若干可能包含地雷的区域的算法被称为区域推荐(region proposal)。整个 R-CNN 算法的架构可用图 4.29 清晰地表示出来。

图 4.29 取自文献[8],从该图中可以看出 R-CNN 的算法包括以下三个步骤:

步骤 1:使用区域推荐算法在图中生成 2000 个左右的推荐区域。

步骤 2:对每个推荐区域使用 CNN 提取特征。

步骤 3:使用线性 SVM 对提取的特征进行分类。

读者只需要知道 SVM 是一种常见的分类器即可。以下将详细叙述算法的实现细节。

步骤 1 使用一种称为选择性搜索(selective search,SS)的区域推荐算法来产生推荐区域,该算法由 Uijlings 在文献[9]中首次提出。SS 算法首先使用文献[10]中提出的图像分割算法(Graph-based Image Segmentation,GIS)对原始图像进行分割。该图像分割算法将整个图像视为一张图(Graph),像素为图中的节点,每个像素与其相邻的 8 个像素以无向边相连。算法的思想为以单个像素为初始区域,不断合并相似的区域直到无可合并。边的权重表示区域之间的不相似度,每个区域内权重最大的边的权值称为该区域的内部差(internal difference)。对于某条边,若其连接的两个顶点 V_i、V_j 分属不同的区域,且该边权值小于两个区域中最小的内部差,则合并这两个区域。

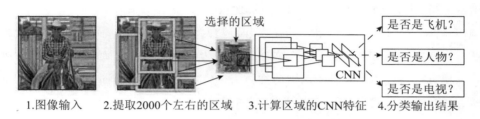

图 4.29 R-CNN 算法实现架构

文献[10]中给出了 GIS 算法对图像进行分割的结果,如图 4.30 所示。该图提供了一个直观的印象,那就是该算法按照颜色将图片进行大致区域化。很显然,图中同一个颜色的区域并不能很好地表示一个物体。例如图中的三个人,他们的头部、上衣和裤子颜色不同,故而分属不同的区域。也就是说,仅靠 GIS 算法不足以标识出物体的可能区域,从图 4.30 的直观感觉上来说,要能够识别出可能的物体,必须对 GIS 算法分割出的区域进行适当合并,而这正是 SS 算法的核心思想。

图 4.30 图像分割算法的分割结果(见彩插)

文献[9]中提到,从图像中识别物体绝非易事。首先图片中的物体之间可能是有层次关系的，例如汤勺放在碗里，碗放在桌子上；其次不同物体之间可能纹理相同而颜色不同，也可能颜色相同纹理不同；最后同一个物体的不同部分纹理和颜色可能都不相同，例如图4.24 中雪佛兰科迈罗的车身和轮子。

鉴于此，SS 在区域合并时设定了四个规则来处理物体识别过程中情况的多样性：(1) 颜色相近，也即颜色直方图相近。(2) 纹理相近，也即梯度直方图相近。(3) 尺寸相近，即两个区域合并后面积较小。(4) 契合度相近，即一个区域在多大程度上为另一个区域所包含，衡量方法为合并后总面积比上合并后边框(bounding box)面积。在合并的时候，综合考虑以上因素，选择相似度最高的两个相邻区域进行合并。这样的话，考虑图4.30 中人物的头部、上衣和裤子，很可能由于规则3 的存在，而被合并为一个区域。而图4.24 中雪佛兰科迈罗的车身和轮子会由于规则4 的存在而被合并为一个区域。显而易见，SS 算法处理后的推荐区域有很大可能包含需要识别的物体。R-CNN 算法的步骤1 即以SS 算法处理过程中所有存在过的区域为推荐区域，共2000 个左右。

步骤2 使用CNN 对每个推荐区域提取特征。由前面车型识别的实验过程可知，CNN 是可以用于特征提取的，CNN 中间层的输出代表了图像不同层级的特征。RCNN 分两步训练一个适用于VOC 目标识别任务的CNN。首先利用ILSVRC 大赛中获得名次的神经网络模型和ImageNet 数据集预训练一个神经网络，R-CNN 是采用已经训练好的AlexNet 模型及参数。AlexNet 主要用于图片分类，共有1000 个输出（即可识别1000 种物体），而VOC 任务只需要检测20 类常见物体，其图集都是以边框标明物体具体位置的图片，详细可见：

http://host.robots.ox.ac.uk/pascal/VOC/voc2012/examples/index.html。

这样只需要把AlexNet 的1000 个输出替换为21 个输出（20 类物体＋背景），然后进行重训练(fine tuning)即可。具体过程为：采用VOC 训练集图片，先用SS 算法从图片中提取出若干推荐区域，若推荐区域与训练集图片中已经标明的区域重合度IoU 大于0.5，则该推荐区域为标明区域中的物体，是正样本，否则为负样本，即背景。以SS 算法提取出的推荐区域作为训练集，进行有监督训练，即可得到用于提取图像特征的CNN。该CNN 的最后一层有4096 个输入，21 个输出，这4096 个输入即可作为图像的特征，用于后续的训练。4.3.1 节的车型识别正是利用了这种迁移学习的方法。需要说明的是，AlexNet 只能接受固定大小的输入，因此每个推荐区域在输入前会被拉伸或压缩至固定大小(227×227)。

步骤3 使用步骤2 训练好的CNN 提取出的4096 维图像特征作为输入，训练SVM 分类器。SVM 是一个二分类器,只能区分某个特征属不属于某类物体。图 4.29 的最右边为一系列 SVM 分类器。在训练 SVM 时,正负样本的标准有所调整,与已经标明的区域的重合度(Intersection over Union,IoU)小于 0.3 的即作为负样本。SVM 训练完毕后,对于一张输入图片,R-CNN 算法基本可以标定所有物体的位置,只是边框会稍微有些偏差,本节使用边框回归(bounding box regression)的方法,对边框进行位置精修,即可得到最后的输出边框。

边框回归是对推荐区域进行校正的线性回归算法,使得提取到的边框跟真实边框相近。因为提取到的边框跟真实边框会有差距,如果建议边框与目标位置偏移较大,例如 IoU 低于 0.6,那么此边框位置并不准确。对于 IoU 大于 0.6 的窗口,需要通过边框回归算法得到比较准确的窗口位置和大小。边框回归算法的输入值是推荐区域对应的特征向量,输出是边框需要平移和尺度缩放变化的值。其变换参数需要通过一组样本采用梯度下降法或者最小二乘法最小化代价函数后得到。

读者可能对最后的 SVM 的作用有所疑问。训练好的 CNN 已经有了 21 个输出,可以完成分类的作用,为何还要用 SVM 再做一次分类呢?这是因为 CNN 和 SVM 对正负样本的标准定义不同,为了防止 CNN 过拟合,对正样本的标注比较宽松。而 SVM 对正样本的要求较高,只有全部包含物体才能算作正样本。实验证明,这样做可以大大提高检测精度。

2. Fast R-CNN

虽然 R-CNN 可以较好地完成目标检测的任务,但是缺点也很明显。首先,R-CNN 的训练是分阶段的:第一步先重训练一个用于提取图像特征的 CNN,第二步训练若干用于物体检测的 SVM,第三步进行边框回归。其次,R-CNN 的时空开销很大,对于每一个推荐区域都要提取一次特征,而推荐区域间有大量的重叠。最后,目标检测时间较长,这还是因为 CNN 需要对每一个推荐区域提取特征并判断分类。有鉴于此,Girshick 于 2015 年又提出了 R-CNN 的改进版:Fast R-CNN,其算法结构如图 4.31 所示。

图 4.31 引自文献[11]。针对 R-CNN 的不足,Fast R-CNN 做了如下改进:

(1)不需要对每个推荐区域(此处用 RoI(Region of Interest)表示)都用 CNN 提取一遍特征,只需要将整张图片输入深度卷积网络提取特征,并在最后一个卷积特征图上对每个 RoI 求映射。映射后的 RoI 通过 RoI 池化层得到固定维度的特征。

(2)固定维度的特征经过两个全连接层得到特征向量,该共享的特征向量再经过各自的 FC,用于分类和边框回归。在 Fast R-CNN 中,分类使用 softmax,而且分类和边框回归是联合优化的,文献中定义了一个联合优化的损失函数。

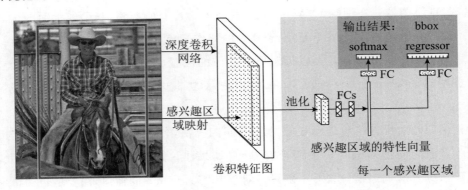

图 4.31　Fast R-CNN算法实现架构

由以上改进可知,对于一张图片,Fast R-CNN 只须提取一次特征,而非 R-CNN 的 2000 余次;不需要单独训练 SVM 分类器和边框回归,整个训练过程可一次完成。这些改进极大地提高了 Fast R-CNN 的效率。

3. Faster R-CNN

Fast R-CNN 在 R-CNN 的基础上性能确实提升不少,但是对于整个算法来说,寻找推荐区域已经成为一个瓶颈。Fast R-CNN 和 R-CNN 都依赖于 SS 等区域推荐算法来寻找推荐区域,使得整个目标检测算法被分割成两个串行的阶段,从而降低了效率。

有鉴于此,Faster R-CNN 用深度神经网络取代区域推荐算法来产生推荐区域,而这个神经网络正是 Fast R-CNN 用于特征提取的深度卷积网络。该网络加上两个额外的卷积层就为产生推荐区域的神经网络,被称为 RPN(Region Proposal Network),整个 Faster R-CNN 算法的实现架构如图 4.32 所示。

由图 4.32 可知,原始图像经过深度卷积网络得到一系列特征图,在每个特征图上使用 $n×n$ 的滑动窗口进行卷积,每个滑动窗口的中心对应原图上 k 种不同模式的推荐区域,称为 anchor。假设特征图大小为 $s×t$,则总共有 $s×t×k$ 个推荐区域,将这些推荐区域编码为一个低维特征向量,然后输入两个独立的全连接层:cls(classification layer)层和 reg(regression layer)层,分别判断推荐区域属于物体或背景还有其边框的具体位置。最后通过 Fast R-CNN 网络进行具体的分类操作。

文献[12]中使用 ZF 模型[13]作为深度卷积网络来提取图像特征,这样对于一张标准的 1000×600 的图像,在最后一个卷积层会产生 256 张 60×40 的特征图。在每张特征图上采用 3×3 的滑窗,每个滑窗的中心对应原图上 9 种不同模式的推荐区域(anchor),即 3 种尺度(128,256,512)乘以 3 种长宽比(1∶1,1∶2,2∶1),这样最后可得60×40×9个推荐区域。由于总共有 256 张特征图,每个推荐区域被编码为 256 维的特征向量,然后输入 cls 和 reg 层进行识别。需要注意的是,对于每个推荐区域,cls 层只判断该区域是否包含物体,给出推荐区域为背景和物体的分值,共两个参数,reg 层输出边框的坐标和长宽,共 4 个参数。60×40×9 个推荐区域经过 cls 层的打分后,选取分数最高的 2k 个作为输入Fast R-CNN 分类网络的推荐区域。RPN 的实现原理如图 4.33 所示。

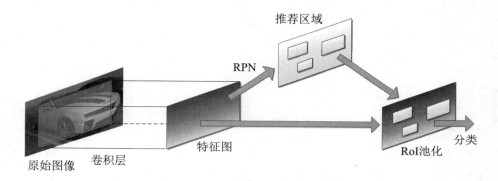

图 4.32　Faster R-CNN 算法实现架构

图 4.33 源自文献[12]。仔细回想一下 Faster R-CNN 的实现原理就会发现,经过一系列改进,Faster R-CNN 竟然返璞归真。最初介绍目标检测时提到,最直观的想法就是用一个神经网络以不同模式的滑动窗口划过图片,并判断窗口中是否有相应的目标,从而将目标检测问题转化为一系列图片分类问题。Faster R-CNN 本质上也采用不同模式的滑动窗口将图片检测了一遍,所不同的是,Faster R-CNN 是在深度神经网络的最后卷积层上滑动窗口,充分利用了深度神经网络特征提取的成果,与 Fast R-CNN 共享卷积层数据。有鉴于此,Faster R-CNN 也可视为 RPN+Fast R-CNN。Faster R-CNN 只用了一个深度神经网络就完成了区域推荐和分类的任务,使得区域推荐几乎没有额外的开销,自然极大地提升效率。从 R-CNN 到 Faster R-CNN,准确率提高 7 个百分点,时间减少到原来的 1/200,是一系列了不起的改进。

接下来介绍 Faster R-CNN 的一个实例。

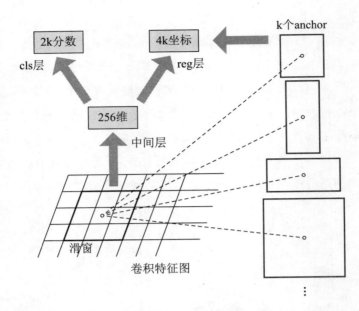

图 4.33　RPN 实现原理

Faster R-CNN 的作者 Girshick 利用 Caffe 实现了 Faster R-CNN 算法，并上传至 GitHub 供大家学习。接下来使用该代码的 Python 版来做一个实验。首先下载 Faster R-CNN 相关的源码包到本地磁盘，源码会保存为 py-faster-rcnn 文件夹。

```
git clone--recursivehttps://github.com/rbgirshick/py-faster-rcnn.git
cd py-faster-rcnn
```

可见 py-faster-rcnn 文件夹中包含以下文件和文件夹：

```
zlyf@ zlyf:/usr/local/py-faster-rcnn$ ls
caffe-fast-rcnn  data  experiments  lib  LICENSE  models  README.md  tools
```

进入 py-faster-rcnn 文件夹下的 caffe-fast-rcnn，直接拷贝本地的 Caffe 配置文件 Makefile. config 到此文件夹下，确保参数 CPU_ONLY := 1, WITH_PYTHON_LAYER := 1。执行 make -j8 && make pycaffe，编译 Faster R-CNN，结果如图 4.34 所示。

下载运行代码需要的 model 文件：

```
cd py-faster-rcnn
./data/scripts/fetch_faster_rcnn_models.
```

```
zlyf@zlyf-OptiPlex-990: /usr/local/py-faster-rcnn/caffe-fast-rcnn
CXX examples/cpp_classification/classification.cpp
CXX .build_release/src/caffe/proto/caffe.pb.cc
AR -o .build_release/lib/libcaffe.a
LD -o .build_release/lib/libcaffe.so.1.0.0-rc3
CXX/LD -o .build_release/tools/upgrade_solver_proto_text.bin
CXX/LD -o .build_release/tools/convert_imageset.bin
CXX/LD -o .build_release/tools/upgrade_net_proto_text.bin
CXX/LD -o .build_release/tools/compute_image_mean.bin
CXX/LD -o .build_release/tools/test_net.bin
CXX/LD -o .build_release/tools/finetune_net.bin
CXX/LD -o .build_release/tools/train_net.bin
CXX/LD -o .build_release/tools/caffe.bin
CXX/LD -o .build_release/tools/extract_features.bin
CXX/LD -o .build_release/tools/device_query.bin
CXX/LD -o .build_release/tools/net_speed_benchmark.bin
CXX/LD -o .build_release/tools/upgrade_net_proto_binary.bin
CXX/LD -o .build_release/examples/cifar10/convert_cifar_data.bin
CXX/LD -o .build_release/examples/mnist/convert_mnist_data.bin
CXX/LD -o .build_release/examples/siamese/convert_mnist_siamese_data.bin
CXX/LD -o .build_release/examples/cpp_classification/classification.bin
CXX/LD -o python/caffe/_caffe.so python/caffe/_caffe.cpp
touch python/caffe/proto/__init__.py
PROTOC (python) src/caffe/proto/caffe.proto
zlyf@zlyf-OptiPlex-990:/usr/local/py-faster-rcnn/caffe-fast-rcnn$
```

图 4.34　Faster R-CNN 编译结果

修改测试文件 ./tools/demo.py 中图片来源 im_names = ['car.jpg']，此处的 car.jpg 不同于 4.3.1 节车型识别部分的那张雪佛兰科迈罗，而是一张雪佛兰科迈罗远去的背影和一个向其招手的人，如图 4.35 所示（该图片来自网络）。该图片中有两个目标：远处的科迈罗和近处的人，Faster R-CNN 需要将两者都识别出来。将该图片存放在 ./data/demo 文件夹下。Faster R-CNN 的输出结果是检测包含物体的边框和该物体的置信度。

图 4.35　Faster R-CNN 目标检测结果

运行以下命令：

```
pip install easydict
sudo apt-get install python-opencv
python ./tools/demo.py-cpu
```

可以得到如图 4.35 所示的输出结果。由图可见，近处招手的人物和远去的科迈罗都被精准地定位，置信度分别为 0.802 和 0.890。

4. YOLO

虽然 Faster R-CNN 已经将 R-CNN 这一系列算法的性能推到极致，但其基本思路依然是先预测推荐区域，再判断类别，精修位置。与 R-CNN 相比，Faster R-CNN 的速度已然提高了不少。但是囿于 R-CNN 的这种框架，Faster R-CNN 的准确率虽然已经非常可观，速度却依然不尽如人意。

有鉴于此，Girshick 再次出手，提出了 You Only Look Once 算法[14]，并起了个很娱乐化的名字 YOLO。YOLO 使用单个神经网络直接从整张图片的卷积特征中预测边框和分类，将目标检测问题重构为单一的回归问题，这样就可以省去 R-CNN 系列算法各构件单独训练的时间，从而达到很高的检测效率。整个检测过程就好像人类扫一眼图片就能把图中所有的物体都识别出来一样，所以称为"你只看一眼"（You Only Look Once）算法。

图 4.36 YOLO 算法原理

如上所述,YOLO 只使用单个神经网络,该网络既要预测边框又要判别分类,是名副其实的"万金油"。YOLO 的实现过程如下。

首先将输入图像划分为 $S \times S$ 的网格,如果一个物体的中心落入一个网格,该网格就负责检测该物体。每个网格预测 B 个边框及其置信度,该置信度表示了每个边框包含物体的置信度和预测的准确度双重信息,定义为 $\mathrm{Pr(Object)} * \mathrm{IOU_{pred}^{truth}}$。如果物体落入该网格中,则 $\mathrm{Pr(Object)}$ 为 1,否则取 0。$\mathrm{IOU_{pred}^{truth}}$ 为预测的边框和实际物体之间的 IoU 值。

每个边框包含 5 个预测值:x、y、w、h 和置信度。(x,y) 为预测边框的中心坐标,w、h 为预测边框的宽和高,置信度前面已经讲过。同时,每个边框还要预测 C 类的条件概率。由此可见,目标检测模型可以转化为一个回归问题,整张图像被划分为 $S \times S$ 个网格,每个网格需要预测 B 个边框,每个边框的位置、宽高和置信度,还要预测 C 个类别,这些预测值被编码为一个 $S \times S \times (5B+C)$ 的张量,算法原理见图 4.36。在文献[14]中,$S=7$,$B=2$,使用 PASCAL VOC 数据集,共有 20 类物体,故 $C=20$。文献中使用了一个包含 24 个卷积层和 2 个全连接层的 CNN 来解决此回归问题,获得了较好的实验结果。

5. SSD

如前所述,YOLO 打破了 R-CNN 系列算法先寻找推荐区域,再判断类别的架构,采用单个神经网络来预测边框位置并判明类别。这样做与采用 VGG 的 Faster R-CNN 相比,检测精度虽然有所下降,但是检测速率大幅度提升。SSD 借鉴了 YOLO 的一些思想,不仅使得检测精度与使用 VGG 的 Faster R-CNN 相当,速度比 YOLO 还有所提升[15]。

SSD 依然使用单个神经网络来预测边框的位置并判断类别。与 YOLO 不同的是,SSD 利用了神经网络中不同层的特征图来预测边框和类别,这样可以利用不同尺度的特征图,在更广的范围上检测物体。具体做法为:使用 VGG 截去分类层作为基础网络,并在基础网络之后添加额外的若干卷积层。这些卷积层的尺寸递减,以允许不同尺度范围的预测。同 YOLO 类似,SSD 在特征图的每个网格上分配一系列固定大小的边框,称为默认边框(default box),如图 4.37 中虚线框所示。不同层特征图的尺寸不同,如 8×8 或 4×4。对于每一个默认边框,需要预测其边框形状及坐标,还有其归属于每个类的置信度。

使用一组卷积滤波器作用在每一个额外增加的卷积层和部分基础网络的输出特征图上,产生一系列固定大小的预测结果。这组预测结果中要么是归属于某一类的概率,要么是默认边框的偏移。如一个 $m \times n$ 特征图有 p 个通道,一个 $3 \times 3 \times p$ 的小卷积核会产生归属于某类的一个分数,或者默认边框的一个形状偏移量。对于每张特征图,预测每个位置上默认边框的偏移和属于每个类的置信度。对于每个位置的默认边框,需要计算 c 个类置信度和 4 个相对于原始默认边框的偏置。如果每个位置产生 k 个默认边框,则每个位置都需要 $(c+4)k$ 个滤波器,对于一张 $m \times n$ 的特征图,会产生 $(c+4)mnk$ 个输出。在训练阶段,特征图上的默认边框会与原图中的目标边框进行匹配,匹配中的作为正样本,其余的作为负样本。SSD 算法采用的神经网络架构如图 4.38 所示。

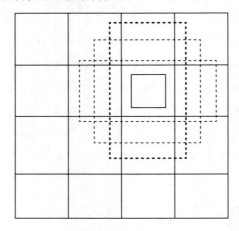

图 4.37   SSD 默认边框

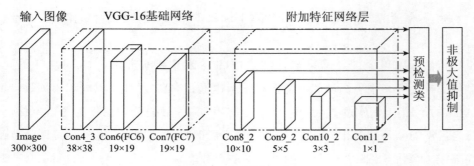

图 4.38   SSD 网络架构图

此外,文献[15]还详细对比了目前主流的几种目标检测算法的性能,如表 4.2 所示。由表可见,SSD 算法在精度上超过了 YOLO,在检测速度上也优于 YOLO,采用的平台是 Nvidia 的 Titan X。

表 4.2　YOLO算法原理

算法	平均检测精度(%)	帧率(Titan X)	窗口数量
Faster R-CNN（VGG16）	73.2	7	300
Faster R-CNN（ZF）	62.1	17	300
YOLO	63.4	45	98
Fast YOLO	52.7	155	98
SSD300（VGG16）	72.1	58	7308
SSD500（VGG16）	75.1	23	20097

接下来介绍 SSD 的一个实例。

SSD 算法的作者提供了源码供大家学习,本书利用该源码对 Faster R-CNN 实例中用到的图 4.35 进行验证。该图包含了一辆远去的科迈罗和一位向其招手的人。SSD 源码基于 Caffe,需要先安装 Caffe 环境,请参考 4.3.1 节中 Caffe 的安装。然后下载 SSD 源程序并进行解压。

```
wget https://github.com/weiliu89/caffe/archive/ssd.zip
```

执行后会在当前目录下生成一个 caffe-ssd 文件夹,该文件夹下的目录结构如图 4.39 所示。

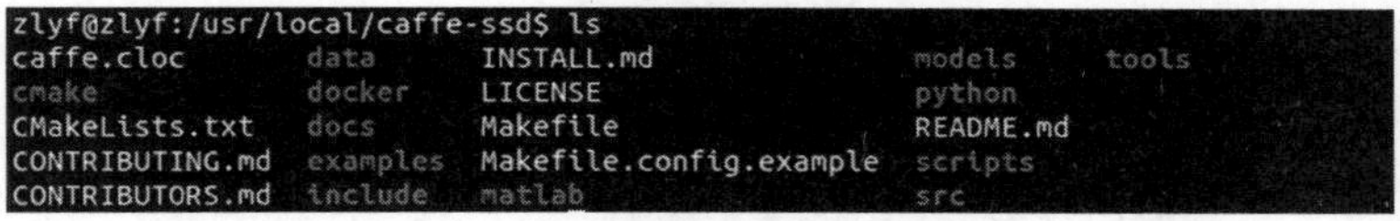

图 4.39　编译前的 caffe-ssd 文件夹目录

将 Caffe 的配置文件 Makefile. config 拷贝至 caffe-ssd 文件夹下,然后依次执行:

```
make
make pycaffe
make test
make runtest
```

得到如图 4.40 所示的编译后的 caffe-ssd 文件夹。

其中,examples 文件夹下的 ssd_detect. ipynb 文件是一个目标检测实例。在 caffe-ssd 目录下运行 jupyter notebook 指令,系统会开启一个网页,地址为 localhost:8889/tree,并

将该目录下的所有文件加载至该网页中。从该网页中找到 examples 文件夹下的 ssd_detect.ipynb 文件并执行，得到如图 4.41 所示的界面。

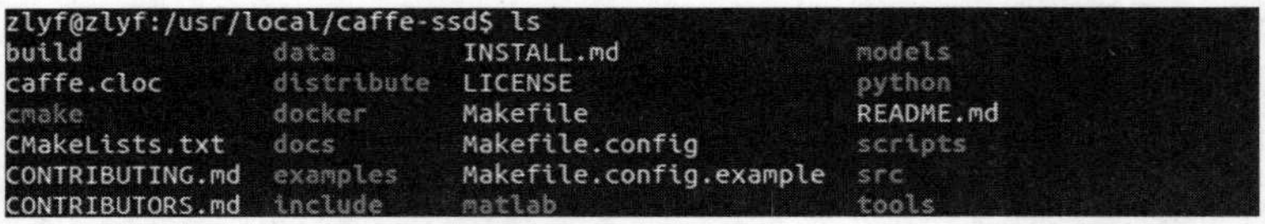

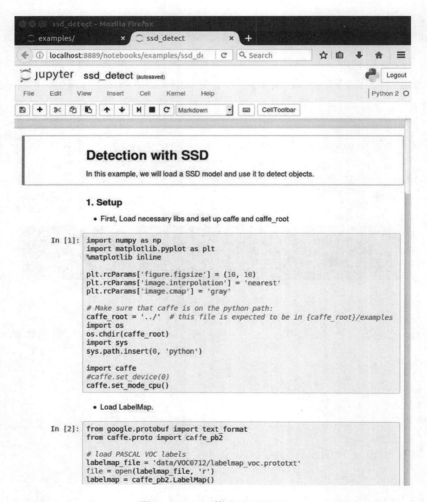

图 4.40　编译后的 caffe-ssd 文件夹目录

图 4.41　SSD 算法验证界面

在 4.3.1 节的模型验证的第 1 阶段,修改代码最后两行,改为:

```
import caffe
caffe.set_mode_cpu()
```

即设置运行模式为 CPU。

随后,在加载 LabelMap 部分加载标签文件 labelMap,标签文件为 labelmap_voc.prototxt,其内容如下。标签文件中包含了模型可以检测到的目标种类,即前面提到的 PASCAL VOC 中规定的 20 类物体。get_labelname()函数返回标签对应的类别名称。

```
......
item {
  name:"car"
  label:7
  display_name:"car"
        }
..........
```

在第 2 阶段加载网络模型,在该部分需要自行下载模型文件并解压到 models 文件夹,模型文件地址为:

http://www.cs.unc.edu/％7Ewliu/projects/SSD/models_VGGNet_VOC0712_SSD_300x300.tar.gz

解压后的文件结构如图 4.42 所示。

图 4.42　模型文件结构

运行前需要修改 deploy.prototxt 文件中的 save_output_param{}参数,找到此参数,整个删掉。save_output_param{}参数定义如下:

```
save_output_param {
     output _ directory:"/home - 2/wliu/data/VOCdevkit/results/VOC2007/SSD _
300x300/Main"
    output_name_prefix:"comp4_det_test_"
    output_format:"VOC"
```

```
    label_map_file:"data/VOC0712/labelmap_voc.prototxt"
    name_size_file:"data/VOC0712/test_name_size.txt"
    num_test_image:4952
}
```

如果不这样操作，运行过程中会提示错误"Failed to open name size file：data/VOC0712/test_name_size.txt"。

```
model_def='models/VGGNet/VOC0712/SSD_300x300/deploy.prototxt'
model_weights='models/VGGNet/VOC0712/SSD_300x300/VGG_VOC0712_SSD_300x300_iter_120000.caffemodel'

net=caffe.Net(model_def,
        model_weights,
        caffe.TEST)
```

以上代码设置了模型的路径，初始化了网络模型。

```
transformer=caffe.io.Transformer({'data':net.blobs['data'].data.shape})
transformer.set_transpose('data',(2,0,1))
transformer.set_mean('data',np.array([104,117,123]))
transformer.set_raw_scale('data',255)
transformer.set_channel_swap('data',(2,1,0))
```

以上代码设置图片的输入格式为(1,3,300,300)，图片的规格信息从模型的配置文件 deploy.prototxt 中可以找到。transformer 对输入数据进行相应调整，改变维度的顺序，由原始图片(300,300,3)变为(3,300,300)，减去均值[104,117,123]，像素缩放到[0,255]之间，交换图片的通道将图片由 RGB 变为 BGR。

在 SSD 检测的"Load an image"部分，把需要测试的图片拷贝到 examples/images 文件夹下，加载测试图片并显示。reshape()函数设置图片的 batch size 为 1，通道数为 3，尺寸大小为 300×300，如下所示：

```
image_resize=300
net.blobs['data'].reshape(1,3,image_resize,image_resize)
image=caffe.io.load_image('examples/images/car-test.jpg')
image=caffe.io.load_image('examples/images/car-test.jpg')
plt.imshow(image)
```

"Run the net..."部分将图片载入到名字为 data 的 blob 中,执行上面设置的图片预处理操作,并运行网络输出检测结果。net. forward()函数可以输出所有 blob 结果,net. forward() ['detection_out']将输出名称为 detection_out 对应的 blob 数据并选择置信度大于等于 0.6 的检测目标。"Plot the boxes"部分把检测结果中满足要求的目标框用不同颜色框标记出来。最终输出的检测结果如图 4.43 所示。

图 4.43　SSD 算法目标检测结果

由图可见,SSD 算法模型准确地检测出人物和车辆的位置,边框的位置非常准确,并以很高的置信度映射了标签。同样的测试图片用前面的 Faster R-CNN 算法检测的运行时间为 1134.771s,而使用 SSD 算法只需要 3.18s。这里采用 CPU 模式,服务器的配置为:32GB 内存,四核 Intel(R) Xeon(R) E5620,CPU 主频 2.4GHz。

4.4　本章小结

本章首先介绍了 Caffe 所基于的基本架构、卷积神经网络 CNN 的由来和基本工作原理。阐述了 Caffe 架构中 Blob、Layer、Net 和 Solver 等几个基本类的作用,并以一个车型识别的简单实例初步验证了 Caffe 的功能。最后介绍了目标检测的基本原理和几个当前最流行的算法:Faster R-CNN、YOLO 和 SSD 等,并用开源的 Caffe 实例验证了 Faster R-

CNN 和 SSD 算法的性能。图片分类和目标检测是深度学习在图像识别领域的两个重要应用,事实证明,Caffe 对这两个应用有着较好的支持。

🎁 参考文献

［1］https://ujjwalkarn.me/2016/08/11/intuitive-explanation-convnets/

［2］https://en.wikipedia.org/wiki/David_H._Hubel

［3］Gu J,Wang Z. Recent advances in Convolutional Neural Networks[D].

［4］http://www.cnblogs.com/smallpi/p/4555854.html

［5］LeCun Y,Bottou L,Bengio Y. Gradient-based learning applied to document recognition[J]. Proc. of the IEEE. 1998.

［6］Caffe 官方教程中译本[EB/OL]. CaffeCN 社区. http://Caffecn.cn.

［7］http://blog.csdn.net/u011534057/article/details/51240387

［8］Girshick R,Donahue J,Darrell T. Rich feature hierarchies for accurate object detection and semantic segmentation[J].CVPR. 2014.

［9］Uijlings J,van de Sande K,Gevers T. Selective search for object recognition[J]. IJCV. 2013.

［10］Felzenszwalb P F,Huttenlocher D P. Efficient graph-based image segmentation [J]. IJCV. 2004.

［11］Girshick R. Fast R-CNN[J]. ICCV. 2015.

［12］Ren S,He K,Girshick R. Faster R-CNN：Towards Real-Time Object Detection with Region Proposal Networks[J]. NIPS. 2015.

［13］Zeiler M D,Fergus R. Visualizing and understanding convolutional neural networks[J]. ECCV. 2014.

［14］Redmon J,Divvala S,Girshick R. You Only Look Once：Unified，Real-Time Object Detection[J].CVPR. 2016.

［15］Liu W,Angurlov D,Erhan D. SSD：Single Shot MultiBox Detector[J]. ECCV. 2016.

第 5 章
TensorFlow 简介

> 神雕又低叫几声,伸出钢爪,抓起剑冢上的石头,移在一旁。杨过心中一动:"独孤前辈身具绝世武功,说不定留下什么剑经、剑谱之类。"但见神雕双爪起落不停,不多时便搬开冢上石块,露出并列着的三柄长剑,在第一、第二两把剑之间,另有一块长条石片。三柄剑和石片并列于一块大青石之上。
>
> ——《神雕侠侣·神雕重剑》

以上这段文字出自《神雕侠侣》第 26 回"神雕重剑",描述的是大侠杨过在神雕的指引下参拜剑冢的情形。看过小说或电视剧的朋友都知道,剑魔独孤求败将其平生所用的佩剑埋于剑冢,分别是凌厉刚猛、无坚不摧的无名利剑;误伤义士、弃之深谷的紫薇软剑;重剑无锋、大巧不工的玄铁重剑和平常无奇的木剑。这些独孤求败武学生涯不同阶段使用的兵刃,分别代表了其武功的不同境界。

独孤大侠武功已臻无剑胜有剑的绝顶之境,自不必倚仗兵器之利,但对于一般的江湖侠客来说,神兵利器确实会给其武功增色不少。金庸小说中的玄铁剑、倚天剑和屠龙刀就是金庸武侠中神兵利器的代表。类似地,在深度学习领域也存在着这样的神兵利器,它们的出现使得深度学习的上手门槛大大降低。人们不用自行搭建深度神经网络,也不用编写繁复的求解神经网络的代码,就可以方便地使用神经网络进行训练。第 4 章介绍的 Caffe 和本章将要介绍的 TensorFlow 都是这样的神兵利器。

TensorFlow 是一个机器学习的开源软件库,由谷歌大脑(Google Brain)团队开发,最初用于谷歌内部的研究与开发,并最终于 2015 年 11 月正式开源。目前,TensorFlow 已经被用于许多大名鼎鼎的谷歌产品中,如语音识别、Gmail 和 Google Photos 等。与 Caffe、Theano、MXNet 和 Torch 一样,TensorFlow 也是当前最流行的深度学习框架之一。有谷歌大脑团队雄厚的技术实力做支撑，并借助谷歌的强大影响力，TensorFlow 登陆 GitHub 当天就成为最受关注的项目，得到了广大深度学习研究者与从业者的拥护。

谷歌大脑项目始于 2011 年，主要探究超大规模深度神经网络的应用，第一代深度学习系统 DistBelief 正是该项目早期的产物。DistBelief 系统自问世以来获得了广泛的应用，应用范围包括非监督学习、语言表示、图像与视频分类、目标识别、语音识别和强化学习等。涉及许多知名产品如谷歌搜索、广告产品、语音识别系统、谷歌地图、谷歌街景、谷歌翻译和 YouTube 等。

TensorFlow 正是谷歌大脑的第二代深度学习系统。与第一代 DistBelief 系统相比，TensorFlow 的编程模型更灵活，性能明显更优且支持更广泛的模型训练和更多的异构设备。有鉴于此，许多 DistBelief 的谷歌内部用户已经迁移至 TensorFlow。TensorFlow 与 Caffe 一样，采用 C++开发，提供 Python API 和少量 C++ API，支持 CPU 和 GPU 运算。TensorFlow 使用数据流图（data flow graph）进行运算，数据流图就是 TensorFlow 的核心架构，所有的运算在 TensorFlow 中都是以数据流图的方式实现的。

TensorFlow 借鉴了 Theano 的部分思想，具有高度的灵活性和真正的可移植性。只要将所需要的计算表示为数据流图，用户就可方便地使用 TensorFlow。此外，用户还可以自行编写 C++代码来扩展 TensorFlow 的底层数据操作，也可以根据需求基于 TensorFlow 构建自己的上层库。TensorFlow 的可移植性使得其可以在基本不需要做代码修改的情况下运行在服务器、台式机甚至移动设备上。TensorFlow 的开发初衷虽然是为了机器学习和深度神经网络方面的应用与研究，但是其数据流图架构的通用性使得其在其他计算领域也得到了广泛应用。目前，国内外很多顶尖的科技或互联网公司如 Uber、ARM、Twitter、DeepMind 和京东等都将 TensorFlow 作为该公司的深度学习框架。

📦 5.1 TensorFlow 架构

与以 CNN 为基础架构的 Caffe 不同，TensorFlow 的基本架构是数据流图，一切运算都需要表示成数据流图的形式才能在 TensorFlow 中运行。数据流图结构使得 Tensor-Flow 可以很容易将一个复杂的运算拆分成若干个子图，并分别部署在不同的运算单元上。这使得 TensorFlow 非常适合大规模分布式计算，而并不局限于深度神经网络类应用。要使用 TensorFlow 进行计算,首先要了解其中的一些基本概念,下面就以一个简单的例子开始 TensorFlow 的介绍。

　　记得笔者在读大学的时候,一次大学物理期中考试,老师把题目出得太难,导致本班大部分同学都不及格。关键是本系另一个班的老师又把题目出得过于简单,这样就使得同一个系的两个班同学分数相差悬殊。没有办法,老师只好将笔者所在班级所有同学的成绩开根号乘10 作为最终成绩,这样才稍微缩小了两个班成绩的差异。后来笔者才知道,开根号乘 10 的方法并非老师的原创,而是源自钱学森先生在中科大的一次考试,后来被各高校广泛采用。

　　就以开根号乘 10 这个简单运算为例,该运算在 TensorFlow 中可以表示为如图 5.1 所示的数据流图。数据流图是一个由节点和边构成的有向图。其中,节点表示数学运算;边表示多维数组(也称为张量,tensor)在两个节点之间的流动,这也正是 TensorFlow 得名的来由。具体到图 5.1,S 表示同学的原始成绩 score;Sqrt 表示开方操作;F 表示因子 factor,这里为 10;Mul 表示乘法运算;N 表示新的成绩 new_score,可理解为输出节点,相应的 TensorFlow 代码如下。

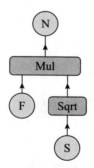

图 5.1　开根乘 10 的数据流图表示

```
 1 import tensorflow as tf
 2
 3 score=tf.constant(36.0)
 4 factor=tf.constant(10.0)
 5 temp=tf.sqrt(score)
 6 new_score=tf.mul(factor,temp)
 7 sess=tf.Session()
 8 result=sess.run(new_score)
 9 print result
10 sess.close()
```

运行结果为：

```
60.0
[Finished in 0.5s]
```

代码第 3 行表示该同学的原始分数 score 为 36 分，第 4 行将因子 factor 设为 10，第 5 行对 score 进行开方运算并赋值给 temp，第 6 行将因子 factor 乘以 temp 得到新的成绩 new_score。第 7 行打开了一个 TensorFlow 会话 Session，第 8 行在 Session 中运行 new_score 得到最终的成绩，第 9 行将最终成绩打印出来，第 10 行关闭会话 Session。由此可知，在新的分数体系中，原分数只要达到 36 分即可及格。

第 3～6 行与 MATLAB 等科学计算工具并无太大区别，但第 7 行横空而出的会话 Session 对于初学者来说较难理解，下面将分别介绍 TensorFlow 中的一些基本概念。

1. 图

前面已经介绍过，在 TensorFlow 中一切运算都表示为数据流图的形式，数据从输入经过若干操作得到输出就是数据流图的运行原理。使用 TensorFlow 进行运算首先要构造一个图（Graph），图包含了一系列表示运算单元的操作节点和一些在操作节点之间流动的张量。TensorFlow 中存在着一张默认的图，每次声明一个操作都相当于向默认图中增加一个节点。代码第 3～6 行依次向图中添加了 S、F、Sqrt、Mul 和 N 5 个节点，这些节点有些是操作，有些是常量。在数据流图中，常量视为没有输入只有输出的节点，而操作视为既有输入又有输出的节点。

实际上，数据流图的表示能力极强，现有的绝大多数运算都可以表示成数据流图的形式，这其中就包括了神经网络计算，这一点后续部分会详细讲解。

2. 张量

TensorFlow 中采用张量（Tensor）的数据结构来表示所有数据，图中节点之间传递的都是张量。虽然上例中的数据都是浮点数常量，但实际上张量可以视为一个 n 维数组或者列表。一个张量有固定的类型、秩和形状。在 TensorFlow 中，常量和变量都属于张量。常量比较好理解，变量保存图中操作的执行状态，返回的是一个可反复更改的张量句柄。考虑到同学的成绩在一次分数统计中会被反复用到，也可以将 score 视为一个变量，然后对以上代码微调如下：

```
 1 import tensorflow as tf
 2
 3 score=tf.Variable(36.0,name="score")
 4 factor=tf.constant(10.0)
 5 temp=tf.sqrt(score)
 6 new_score=tf.mul(factor,temp)
 7 init_op=tf.global_variables_initializer()
 8 sess=tf.Session()
 9 sess.run(init_op)
10 result=sess.run(new_score)
11 print result
12 sess.close()
```

代码第 3 行通过 tf. Variable 将 score 声明为一个变量,并赋初值 36.0。在 Tensor-Flow 中,所有的变量都需要初始化,第 7 行声明了初始化所有变量的操作,第 9 行执行了该操作,其余与上一段代码相同。

3. 运算

在 TensorFlow 的数据流图中,运算(Operation)表示为节点。上例中所提到的乘法 Mul 和开方 Sqrt 都是运算的实例。TensorFlow 的运算功能非常强大,内置了多种运算。除了加、减、乘、除、乘方、开方等元素级数学运算,还有数组运算、矩阵运算、状态操作、神经网络单元、控制流操作和队列与同步操作等。关于 TensorFlow 运算的定义都在 Tensor-Flow 根目录下的 python/ops 目录中,上例所用到的 Mul 和 Sqrt 运算都在文件 gen_math_ops. py 中定义。

4. 会话

TensorFlow 中会话(Session)是客户端程序与系统交互的接口,其定义在 python/client 文件夹下的 session. py 文件中。代码 sess=tf. Session()开启了一个会话,当数据流图构建完毕后,调用 Session 的 run 函数来启动计算。run 函数以某个输出节点或者张量为输入,得到一组计算输出。与其他科学计算语言不同的是,TensorFlow 在数据流图构造完成之后并不执行运算,需要调用 run 函数来显式地启动运算。打个比方,TensorFlow 数据流图构造的过程就好比是将子弹上膛,只有扣动 run 这个扳机,子弹才会击发(运算才会执行)。会话在执行完毕后,需要调用 close 关闭函数以释放资源。也可将 Session 置于一个with 程序块中,这样在 with 块结束后,Session 将自动关闭,将本节第一段代码中的第 7~9

行替换为以下代码即可。

```
with tf.Session() as sess:
  result=sess.run(new_score)
  print result
```

5. 取出与提供

使用 run 函数可取得操作的输出，以上的例子只是取出（fetch）单个操作的输出，还可以一次取出多个操作的输出 session.run([fetch1,fetch2])，即将上一段代码替换为如下：

```
with tf.Session() as sess:
  result=sess.run([new_score,temp])
  print result
```

运行结果为：

```
[60.0,6.0]
[Finished in 0.5s]
```

在上例中，张量通过存储在变量或者常量中来引入数据流图，TensorFlow 还提供了一种提取（feed）机制来将张量直接插入图中的任何运算。一个运算通过 tf.placeholder() 来声明自身需要被提供参数，顾名思义，placeholder 表示该运算只是"占一个位置"，在 run 的时候才知道具体的数值。于是改写上例如下：

```
1 import tensorflow as tf
2 import math
3
4 temp=tf.placeholder(tf.float32)
5 factor=tf.placeholder(tf.float32)
6 new_score=tf.mul(factor,temp)
7 with tf.Session() as sess:
8 print (sess.run([new_score],feed_dict={factor:[10.],temp:[math.sqrt(36.)]}))
```

运行结果为：

```
[array([ 60.],dtype= float32)]
[Finished in 0.5s]
```

◆ 5.2　TensorFlow 简单应用

5.2.1　TensorFlow 安装

在使用 TensorFlow 之前首先介绍一下其安装方式。TensorFlow 可以运行在 Linux 和 Mac OS 平台上，由于 Mac OS 上预装了 Python 2.7，安装会稍微简单一些，故本书以 Mac OS 为例介绍 TensorFlow 的安装。在 Linux 平台的安装请参见 TensorFlow 官网 (www. tensorflow. org)中的"下载与安装"部分。

TensorFlow 有多种安装方式，如 pip、Virtualenv、Anaconda 和 Docker 等。官网推荐的方式是 Virtualenv，与 Caffe 相比，TensorFlow 的安装要简单得多。Virtualenv 是一个用来创建虚拟 Python 环境的工具，该环境可视为一个隔离的沙箱。在 Virtualenv 环境中安装的 TensorFlow 不会覆盖之前存在的 Python 包。对于未安装 pip 的 Mac OS 系统，执行以下命令：

```
$ sudo easy_install pip
$ sudo pip install-upgrade virtualenv
```

输出：

```
...
Installing collected packages:virtualenv
Successfully installed virtualenv-15.0.3
```

以上输出表示 Virtualenv 15.0.3 已经安装成功。然后再在 TensorFlow 根目录下创建一个 Virtualenv 虚拟环境，并激活该环境。

```
$ virtualenv- system-site-packages ~/tensorflow
$ source ~/tensorflow/bin/activate
```

最后选择合适的版本进行安装，如本书使用 Mac OS，只使用 CPU，Python 版本为 2.7：

```
(tensorflow)$  export TF_BINARY_URL=https://storage.googleapis.com/tensorflow/
mac/cpu/tensorflow-0.12.0rc1-py2-none-any.whl
(tensorflow)$  pip install-upgrade $ TF_BINARY_URL
```

输出：

```
…
Successfully installed numpy-1.11.2 protobuf-3.1.0 setuptools-31.0.0 tensorflow
-0.12.0rc1
```

输出以上提示则表示 TensorFlow 已经安装完毕，本机安装的 TensorFlow 是 0.12 版，每台机器的安装路径不会完全相同。一般来说，TensorFlow 根目录下会包含__init__. py 和__init__. pyc 文件，以及 core、models、python、tensorboard 和 tools 等文件夹。安装好后进入 Python 交互模式。

```
$ python
>>>  import tensorflow as tf
```

如果系统没有报错，则说明 TensorFlow 已经成功安装，可以使用 TensorFlow 了。在以下的应用中会使用文本编辑器，但是利用 Python 交互模式可以试验一下第一个 Tensor-Flow 程序"Hello world"。

```
>>>  import tensorflow as tf
>>> hi=tf.constant('Hello,world!')
>>>  sess=tf.Session()
>>>  print(sess.run(hello))
Hello,world!
>>>  sess.close()
```

5.2.2　线性回归

本节会用 TensorFlow 重写 2.1 节的线性回归实例。该实例选取了 117 对父子身高数据，如图 2.1 所示，需要用一条直线来拟合这些数据，从而找出隐藏在数据中的父子身高关系的线性函数。若拟合直线为 $h_\theta(x)=\theta_0+\theta_1 x$，则损失函数 $J(\theta_0,\theta_1)$定义为公式(2-1)。在 2.1 节中，采用了 R、Python 和 MATLAB 中的线性回归工具直接求解出了 $J(\theta_0,\theta_1)$的极

值中对应的 θ_0 和 θ_1 的值。在 TensorFlow 中,通常使用梯度下降法来寻找损失函数的极值。

　　仔细观察图 2.3 和图 2.4 就会发现,本例中的损失函数比较特殊。如前面所述,$J(\theta_0,\theta_1)$ 沿 θ_1 方向的切面是一个抛物线,而沿 θ_0 方向的切面是一个开口过大几乎成一条直线的抛物线。这就意味着梯度下降法沿 θ_0 方向很难找到全局最优点。即采用梯度下降法找到的最优点与初始值是相关的。在以下实例中,以 w 表示直线的斜率,θ_1 即 w;b 表示直线的截距,θ_0 即为 b。选定初值 (w_0,b_0) 后,b 几乎不会有什么改变,w 会从 w_0 沿梯度方向下降至最优。也就是说,初值的选取只与 b 有关,w 会按照梯度方向滑向最优,如图 5.2 所示。

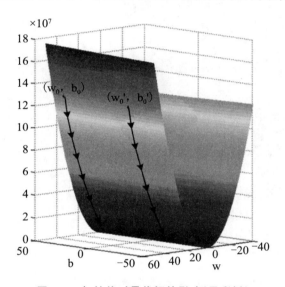

图 5.2　初始值对最优解的影响(见彩插)

　　使用 TensorFlow 的梯度下降工具,编写代码如下。其中,第 5～11 行将父子身高数据分别赋给 x_data 和 y_data;第 17 行和第 18 行分别定义变量 w 和 b 为拟合直线的斜率与截距;第 19 行定义 y 为预测函数;损失函数即均方误差在第 21 行定义;第 22 行使用了 TensorFlow 中的梯度下降优化工具,并指定学习率为 0.00001;第 30～32 行指定梯度下降法对损失函数迭代 1000 次。

```
1 import tensorflow as tf
2 from scipy import stats
3 import matplotlib.pyplot as pyplot
```

```
 4
 5 data=[]
 6 for l in open("/Users/longfei/Desktop/height.txt"):
 7 row=[float(x) for x in l.split()]
 8 if len(row)>0:
 9 data.append(row)
10 x_data=[l[0] for l in data]
11 y_data=[l[1] for l in data]
12
13 pyplot.plot(x_data,y_data,'bo',label='height data')
14 pyplot.legend()
15 pyplot.show()
16
17 w=tf.Variable(-1.0,name="weights")
18 b=tf.Variable(75.4,name="bias")
19 y=w*x_data+b
20
21 loss=tf.reduce_mean(tf.square(y-y_data))
22 optimizer=tf.train.GradientDescentOptimizer(0.00001)
23 train=optimizer.minimize(loss)
24
25 init=tf.global_variables_initializer()
26
27 sess=tf.Session()
28 sess.run(init)
29
30 for step in xrange(1000):
31  sess.run(train)
32  print step,sess.run(w),sess.run(b),sess.run(loss)
```

根据预估，拟合直线的截距 b 应在 -100 至 100 之间。这样 b 从 -100 开始，以 20 为步长逼近 100，得到表 5.1 的计算结果。

表 5.1　b 与 loss 之间的关系

b	w	loss
−100.0	1.5331	84.5967
−80.0	1.4236	70.1209
−60.0	1.3142	57.3958
−40.0	1.2047	46.4229

续表

b	w	loss
−20.0	1.0952	37.1983
0.0	0.9858	29.7244
20.0	0.8763	24.0011
40.0	0.7669	20.0281
60.0	0.6574	17.8052
80.0	0.5479	17.3327
100.0	0.4384	18.6107

由上表可见,b 的拐点应在 $60 \sim 100$。通过折半搜索,可得 b 约在 75 的时候找到 loss 的最小值为 17.2867,相应的 w 为 0.5753。与 2.1 节得到的结果基本相同。

对于 2.2 节的逻辑回归,情况类似。数据读入后,将损失函数设置为公式(2-7),应用 TensorFlow 梯度下降工具同样可以找到最优点。由于情况类似,在此不再赘述,有兴趣的读者可以自行实验。

◆ 5.3 TensorFlow 高级应用

以上是 TensorFlow 的基本概念和小应用。可以看到,对于线性回归和逻辑回归等运算,TensorFlow 反倒不如 Python、R 或 MATLAB 中自带的回归工具简便易用。当然,TensorFlow 的优势并不在于此,对于分布式计算和神经网络的搭建,TensorFlow 还是相当方便的。

5.3.1 MNIST 手写数字识别

以下将用 TensorFlow 来重写 3.2.3 节对 MNIST 手写数字的识别。很多教程选择从 MNIST 手写数字识别入手介绍深度学习的实践,甚至有人称 MNIST 就是深度学习的 HelloWorld。MNIST 手写数字识别由于简单易上手,对于初学者理解神经网络原理大有裨益,甚至 TensorFlow 的官网都以 MNIST 手写数字识别作为新手入门的首个实例。虽然 3.2.3 节调用 Pybrain 的工具搭建了一个含有单隐藏层的神经网络,较好地解决了手写数字识别的问题，但对于其工作原理并未深入介绍。TensorFlow 的实现过程可以帮助读者更好地理解手写数字识别的工作原理，也为使用 TensorFlow 进行更高级的应用打下基础。

1. 数据准备

由于本节是重写 3.2.3 节的实例，故采用与 3.2.3 节相同的数据集。该数据集为 MNIST 的测试图片集，每个数字的前 800 张图片用于训练，其余用于测试。这样的话，每个数字有 800 张图片用于训练，90～300 张图片用于测试。训练集存放于 training-set 文件夹，测试集存放于 testing-set 文件夹。每个文件夹下都有名为"0"～"9"的 10 个子文件夹，分别存放数字"0"～"9"的 bmp 格式图片，每张图片为 28×28 像素的灰度图。

2. 工具准备

本节采用 TensorFlow 搭建一个三层神经网络来实现 MNIST 数字识别。如 3.2.3 节所述，该神经网络的三层各有 $(784, 30, 10)$ 个节点。与 Pybrain 不同的是，TensorFlow 并没有提供单条指令来直接创建整个神经网络，需要自行手动搭建，实现起来可能会稍微麻烦一些，但也正因为如此，可以更深入地了解神经网络的实现原理。

虽然神经网络的搭建需要逐层实现，但 TensorFlow 提供了自动的训练方法，如 train 中的 GradientDescentOptimizer 函数，即实现了梯度下降算法，这一点与 Pybrain 类似。此外，TensorFlow 还提供了强大的图表可视化工具 TensorBoard，可将执行过程以数据流图的方式展现出来，方便用户进行后期分析。

1）神经网络搭建

回想前面的介绍，TensorFlow 将一切运算视为数据流图。数据流图中节点表示运算，边表示在两个节点之间流动的多维数组。这样的话，神经网络很容易表示为数据流图的形式：将输入、输出和层间传递的向量视为数据流图的边，那么神经网络的每个层就是数据流图的节点。考虑图 3.1 所示的 Rosenblatt 感知机，$x_1, \cdots, x_n$ 为输入 input，$w_1, \cdots, w_n$ 为输入 input 相应的权值 w，b 为偏置，$z = w_1 x_1 + w_2 x_2 + \cdots + w_n x_n + b$，$\varphi(\cdot)$ 为激活函数，输出 output 为 $\varphi(z)$。

Rosenblatt 感知机可视为最简单的神经网络（只有单层，单节点），共有 n 个输入，1 个输出。将 Rosenblatt 感知机扩展至多层神经网络，那么对于每一层来说，会有 inSize 个输入，outSize 个输出。inSize 实际为前一层节点数量，outSize 为本层节点数量。

假设对于神经网络中的一个层,其前一层有 4 个节点,本层有 3 个节点,如图 5.3 所示。

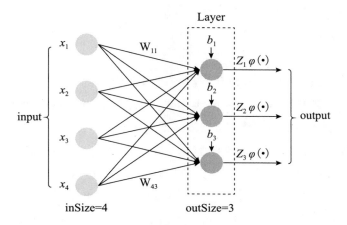

图 5.3　神经网络层结构示例

前一层节点的输出对于该层来说就是输入,而其每个节点经过激活函数(或不经过激活函数)后的输出可作为下一层的输入。可见在图 5.3 中有:

$$x = \begin{bmatrix} x_1, x_2, x_3, x_4 \end{bmatrix}$$

$$w = \begin{bmatrix} w_{11}, w_{12}, w_{13} \\ w_{21}, w_{22}, w_{23} \\ w_{31}, w_{32}, w_{33} \\ w_{41}, w_{42}, w_{43} \end{bmatrix}$$

$$b = \begin{bmatrix} b_1, b_2, b_3 \end{bmatrix}$$

因此有 $xw + b = z$。将图 5.3 的情况泛化,可用 TensorFlow 定义神经网络的层如下:

```
1 def Layer(input,inSize,outSize,phi=None):
2     w=tf.Variable(tf.random_normal([inSize,outSize]))
3     b=tf.Variable(tf.zeros([1,outSize])+0.1)
4     z=tf.matmul(input,w)+b
5     if phi is None:
6         output=z
7     else:
8         output=phi(z)
9     return output
```

由上可知,Layer 定义了神经网络的层,Layer 的作用在于接收前一层输入并产生输出。input 为前一层输入向量，即图 5.3 中的 x；inSize 为前一层节点数量；outSize 为本层节点数量；phi 为激活函数 $\varphi(\cdot)$；w 为输入向量的权值；b 为偏置。在此定义中可选择直接输出或者通过激活函数后输出。

2）损失函数

在 3.2.3 节中，使用 Pybrain 搭建三层神经网络解决 MNIST 手写数字识别问题。如前所述，这种解决方案的效率并不高，对于 8000 张图片的训练集运行时间较长。该方案使用了 Pybrain 默认的 Sigmoid 作为激活函数，而且 Pybrain 中并未让用户指定损失函数，用户只需要将所有的训练数据导入监督数据集 SupervisedDataSet 中，Pybrain 即可自动进行训练，并返回训练好的神经网络模型。实际上，激活函数和损失函数都会影响神经网络的训练效率。使用 TensorFlow 可以指定激活函数和损失函数，这一点是需要注意的。

损失函数是如何影响训练效率的呢？前面已经讲过，对于神经网络的求解是利用梯度下降法不断更新参数，从而找到损失函数的极小点。权值更新的效率与学习率和损失函数的梯度有关。学习率不可以取值过大，否则容易导致发散。这样的话损失函数的梯度就决定了梯度下降的效率。期望损失函数具有如下特性：在梯度下降算法运行的初期，输出数据与期望数据误差较大，损失函数值应当以较快的速度下降；在算法运行的后期，输出数据与期望数据误差较小，损失函数可以以较慢的速度迫近最优。如此就可以用较少的迭代次数得到较优的结果。

从各种损失函数的定义中可见，损失函数是依赖于激活函数的。在早期的激活函数中，Sigmoid 函数是较为常用的一个，2.2.1 节已经提到 Sigmoid 函数的定义为：$\varphi(z)=1/(1+e^{-z})$。在 3.2.3 节的实例中，也默认使用了 Sigmoid 激活函数。先考虑只有一个神经元的情况，损失函数使用均方损失，借用公式（3-3）的定义，损失函数为：

$$J(\vec{w})=\frac{1}{m}\sum_{i=1}^{m}\frac{(s^{(i)}-y^{(i)})^2}{2}$$

其中 $s^{(i)}$ 为第 i 个训练样例的目标输出，$y^{(i)}$ 为第 i 个训练样例的神经元输出，$y^{(i)}=\varphi(\vec{w}\cdot x^{(i)})$，m 为数据点个数，$\vec{w}=(w_0,w_1,\cdots,w_n)$，$w_0=b$。$(x_1,\cdots,x_n)$ 为输入，$x^{(i)}$ 为第 i 个训练样例的输入，可计算梯度如下：

$$\frac{\partial J}{\partial w_i}=\frac{1}{m}\sum_{i=1}^{m}(y^{(i)}-s^{(i)})\cdot\varphi'(\vec{w}\cdot x^{(i)})\cdot x_i \qquad (5\text{-}1)$$

其中 $\varphi(z)$ 和 $\varphi'(z)$（即 Sigmoid 函数和其导数）的图像如图 5.4 所示。

由 Sigmoid 导数的图像可见，当 $|x|$ 大于一定数值的时候，$\varphi'(x)$ 会变得很小，也就是

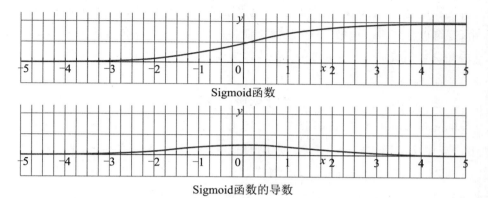

图 5.4　Sigmoid 函数及其导数

说,如果初始值落入这个很大的区域,其梯度会变得相当小,从而导致更新非常缓慢。具有这种性质的激活函数被称为软饱和激活函数。

当然,梯度是由损失函数和激活函数共同决定的,Sigmoid 函数是物理意义上最接近生物神经元的函数,是否可以通过改变损失函数来改善梯度分布情况呢？答案是肯定的。这就是目前很常用的交叉熵函数,定义如下:

$$J(\vec{w}) = -\frac{1}{m}\sum_{i=1}^{m}\left[s^{(i)}\ln y^{(i)} + (1-s^{(i)})\ln(1-y^{(i)})\right] \tag{5-2}$$

关于公式(5-2)的来历,在此不予叙述,读者可自行验证以下两点:

(1)公式(5-2)定义的交叉熵函数 $J(\vec{w})$ 永远非负。

(2)$s^{(i)}$ 与 $y^{(i)}$ 误差越大,$J(\vec{w})$ 的值越大。

这两条保证了公式(5-2)可作为损失函数。关于该交叉熵函数的梯度可计算如下:

$$\frac{\partial J}{\partial w_i} = -\frac{1}{m}\sum_{i=1}^{m}\left[\frac{s^{(i)}}{\varphi(\vec{w}x^{(i)})} - \frac{1-s^{(i)}}{1-\varphi(\vec{w}x^{(i)})}\right]\frac{\partial \varphi(\vec{w}x^{(i)})}{\partial w_i}$$

$$= -\frac{1}{m}\sum_{i=1}^{m}\left[\frac{s^{(i)}}{\varphi(\vec{w}x^{(i)})} - \frac{1-s^{(i)}}{1-\varphi(\vec{w}x^{(i)})}\right]\varphi'(\vec{w}x^{(i)})x_i$$

$$= -\frac{1}{m}\sum_{i=1}^{m}\left[\frac{s^{(i)}(1-\varphi(\vec{w}x^{(i)})) - \varphi(\vec{w}x^{(i)})(1-s^{(i)})}{\varphi(\vec{w}x^{(i)})(1-\varphi(\vec{w}x^{(i)}))}\right]\varphi(\vec{w}x^{(i)})(1-\varphi(\vec{w}x^{(i)}))x_i$$

$$= \frac{1}{m}\sum_{i=1}^{m}(y^{(i)} - s^{(i)})x_i$$

这是一个相当漂亮的式子,意味着,该损失函数的梯度只与 $s^{(i)}$ 和 $y^{(i)}$ 的误差有关,误差越大的时候梯度越大，也就是下降得越快，这也正是所需要的损失函数的性质。在 Tensor-Flow 中，既可以指定激活函数，又可以指定损失函数，损失函数和激活函数会对神经网络求解过程和运算结果产生一定的影响，这一点后面会详述。

3）TensorBoard

5.2.1 节已经讲到，TensorFlow 安装完毕后，根目录下会有一个名为 tensorboard 的文件夹。TensorBoard 是 TensorFlow 的可视化工具，可将 TensorFlow 的操作等以数据流图、直方图或图像的形式展现出来，方便用户对 TensorFlow 程序的理解和调试。

TensorBoard 不需要额外安装，以浏览器显示。一般使用 TensorBoard 的 GRAPHS 功能来查看 TensorFlow 程序的数据流图。首先在 TensorFlow 程序中定义好需要显示的向量和操作的名称域（Name scope），然后将数据记录保存在日志文件中，TensorBoard 启动时将自动加载日志文件中的数据，并将相应的数据流图展现出来。以 5.1 节开根号乘 10 的简单算例为例，原始的 TensorFlow 代码如下：

```
 1 import tensorflow as tf
 2
 3 score=tf.Variable(36.0,name="score")
 4 factor=tf.constant(10.0)
 5 temp=tf.sqrt(score)
 6 new_score=tf.mul(factor,temp)
 7 init_op=tf.global_variables_initializer()
 8 sess=tf.Session()
 9 sess.run(init_op)
10 result=sess.run(new_score)
11 print result
12 sess.close()
```

若想用 TensorBoard 查看该 TensorFlow 程序的数据流图，可改写该程序如下：

```
1 import tensorflow as tf
2
3 with tf.name_scope('score'):
4    score=tf.Variable(36.0,name="score")
5 with tf.name_scope('factor'):
6    factor=tf.Variable(10.0,name="factor")
7 with tf.name_scope('sqart'):
8    temp=tf.sqrt(score)
9 with tf.name_scope('new_score'):
```

```
10   new_score=tf.mul(factor,temp)
11 sess=tf.Session()
12 init_op=tf.global_variables_initializer()
13 sess.run(init_op)
14 result=sess.run(new_score)
15 writer=tf.train.SummaryWriter("logs_test/",sess.graph)
16 print result
17 sess.close()
```

由以上程序可知,在不改变原来程序主体的情况下,只需要:

(1)将需要展示的变量或操作置于同名(或任意指定名字)的名称域下。

(2)使用 tf.train.SummaryWriter()将数据流图写入指定的目录。

即可完成适合 TensorBoard 显示的改造。如本节需要显示变量 score、factor,操作 sqrt 和最终的结果 new_score,则可通过 with tf.name_scope('xxx')语句分别将它们置于同名的名称域下。通过 tf.train.SummaryWriter()将 graph 写入 logs_test 目录下。

将此文件命名为 boardtest.py,在该文件所在的文件夹下运行该文件,会发现生成了一个 logs_test 文件夹,里面有一个日志文件。最后在当前文件夹下运行 tensorboard--logdir = 'logs_test/'命令(如果是按照 5.2.1 节所述方法安装 TensorFlow)启动 TensorBoard,并在浏览器地址栏输入 localhost:6006,即可观察到程序在 TensorBoard 中的输出。

图 5.5 为开根号乘 10 这个 TensorFlow 小例子的 TensorBoard 输出,在 TensorBoard 浏览器输出的顶端选项卡中选择 GRAPH 即可看到图 5.5 显示的数据流图。score 作为输入,经过 sqrt 运算再乘以 factor 后,即可得到最终的结果 new_score。以上数据流图中的每个节点还可以展开,即单击节点右上的红色加号(+)即可查看节点内部的实现细节,如图 5.6 所示。

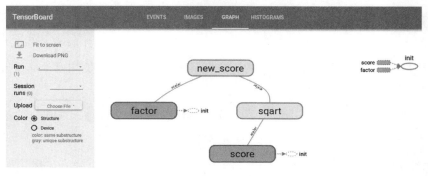

图 5.5　TensorBoard 输出图像

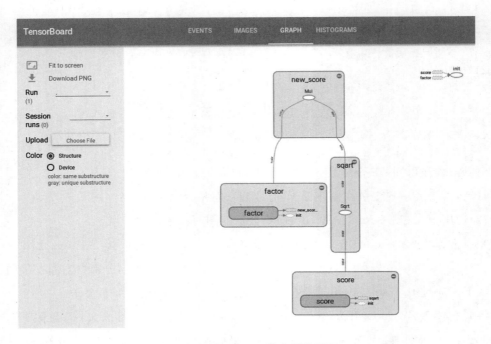

图 5.6 TensorBoard 输出图像展开

3. 实例测试

数据和工具都准备好后，即可用 TensorFlow 重写 3.2.3 节的手写数字识别实例。依然使用该节的 training-set 文件夹中的图片为训练数据，该文件夹包含名为"0"～"9"的 10 个子文件夹，每个子文件夹中包含该数字的 800 张训练图片。同理，使用该节的 testing-set 文件夹中的图片为测试数据，该文件夹同样包含名为"0"～"9"的 10 个子文件夹，每个子文件夹中包含该数字的 100～300 张不等的测试图片。

本实例也采用 3.2.3 节实例所用的三层神经网络，将每张图片的像素作为输入，共有 $28 \times 28 = 784$ 个输入，隐藏层节点数为 30，输出层有 10 个节点。使用 TensorFlow 对该实例进行重写，算法步骤如下：

步骤 1：将 training-set 和 testing-set 中的训练数据和测试数据以及相应的标签读入。

步骤 2：按层创建神经网络，并指定激活函数。

步骤 3：以交叉熵为损失函数，采用 TensorFlow 提供的梯度下降方法优化损失函数。

步骤 4：以测试数据集进行测试，计算识别正确率。

按照算法的实施步骤，编写 TensorFlow 程序如下：

```
1 # coding:utf- 8
2 import tensorflow as tf
3 import numpy as np
4 import os
5 from PIL import Image
6
7 # 加载训练数据
8 x_data_train=[]
9 y_label_train=[]
10 for i in range(0,10):# 数字 0～9 共 10 个文件夹
11   for f in os.listdir('mnist/training-set/% s' % i):# 每个文件夹里的图片
12    if f.endswith('.bmp'):
13        im=Image.open('mnist/training-set/% s/% s' % (i,f))
14        mtr=np.array(im)
15        s=mtr.reshape(1,784)
16        for j in range(0,784):# 图像二值化
17            if s[0][j] !=0:
18                s[0][j]=1
19        c=[0,0,0,0,0,0,0,0,0,0]
20        c[i]=1
21        x_data_train.append(s[0])
22        y_label_train.append(c)
23   print ('end of training folder % s' % i)
24
25 x_data_test=[]
26 x_data_num=[]
27
28 # 读入测试数据
29 for i in range(0,10):# 数字 0～9 共 10 个文件夹
30   count=0
31    for f in os.listdir('mnist/testing-set/% s' % i):
32        if f.endswith('.bmp'):
33            im=Image.open('minist/testing-set/% s/% s' % (i,f))
34            mtr=np.array(im)
35            s=mtr.reshape(1,784)
36            for j in range(0,784):
37                if s[0][j]!=0:
38                    s[0][j]=1
39            x_data_test.append(s[0])
```

```
40            count+=1
41    x_data_num.append(count)
42    print ('end of testing folder % s' % i)
43
44 # 定义神经网络层
45 def Layer(input,inSize,outSize,phi=None):
46    with tf.name_scope('layer'):
47     with tf.name_scope('weight'):
48            w=tf.Variable(tf.random_normal([inSize,outSize]))
49     with tf.name_scope('basis'):
50            b=tf.Variable(tf.zeros([1,outSize])+0.1)
51     with tf.name_scope('z'):
52            z=tf.matmul(input,w)+b
53        if phi is None:
54          output=z
55        else:
56          output=phi(z)
57    return output
58
59 x_data_train=np.array(x_data_train)
60 y_label_train=np.array( y_label_train)
61 x_data_test=np.array(x_data_test)
62
63 with tf.name_scope('inputs'):
64    xs=tf.placeholder(tf.float32,[None,784])
65    ys=tf.placeholder(tf.float32,[None,10])
66
67 l1=Layer(xs,784,30,phi=tf.nn.relu)
68 l2=Layer(l1,30,10,phi=None)
69
70 with tf.name_scope('loss'):
71    loss=tf.reduce_mean(tf.nn.softmax_cross_entropy_with_logits(l2,ys))
72 with tf.name_scope('train'):
73    train=tf.train.GradientDescentOptimizer(0.5).minimize(loss)
74
75 init=tf.global_variables_initializer()
76 sess=tf.Session()
77 sess.run(init)
78
79 for i in range(20000):
80    sess.run(train,feed_dict={xs:x_data_train,ys:y_label_train})
```

```
81    print 'step % s' % i,'loss is',sess.run(loss,feed_dict={xs:x_data_train,
      ys:y_label_train})
82
83 writer=tf.train.SummaryWriter("logs/",sess.graph)
84
85 x_test=x_data_test[0:4,:]
86 np.set_printoptions(threshold='nan')
87 result=sess.run(l2,feed_dict={xs:x_test})
88 print 'Character 0 testing output:'
89 print result
90
91 flag=0
92 for i in range(10):
93   num=x_data_num[i]
94   x_test=x_data_test[flag:(flag+num),:]
95   result=sess.run(l2,feed_dict={xs:x_test})
96   corr_num=0
97   for j in range(num):
98       if np.argmax(result[j])==i :
99           corr_num+=1
100  rate=float(corr_num)/float(num)
101  print 'Character % s has % s,testing images,correct number is % s,accuracy is
     % s' % (i,num,corr_num,rate)
102  flag+=num
```

　　以上代码搭建了三层神经网络,将 8000 张训练图片全部加载至网络中,并用梯度下降法进行优化,随后测试了所有测试集图片,并统计了正确率。代码第 8~22 行将所有的训练图片读入 x_data_train,相应的标签读入 y_label_train;第 29~41 行将所有测试图片读入 x_data_test,x_data_num 统计的是每个测试数字的图片数量,即每个测试集子文件夹的图片数量。第 45~57 行定义了神经网络的层,与前面工具准备部分的神经网络层定义相同,这里不再赘述。第 59~61 行将 x_data_train、y_label_train 和 x_data_num 由列表转为数组,以方便之后的操作。

　　xs 和 ys 分别是训练集 x_data_train 和相应标签 y_label_train 的占位符。l1 和 l2 定义了两个神经网络层,输入输出分别为(784,30)和(30,10),其中 l1 的激活函数为 relu,输入为 xs,l2 层的输入为 l1。第 71 行指定了损失函数为交叉熵,l2 是神经网络实际输出,ys 为期望输出。第 73 行指定了梯度下降优化方法,步长 $\alpha=0.5$。第 79~81 行迭代 20 000 次以优化损失函数并输出每次迭代后的误差。第 83 行将数据流图写入 logs 文件夹,以供

tensorboard 展示。

第 85 行以后为测试内容,本实例会采用 relu 和 sigmoid 激活函数分别测试,首先测试 relu 激活函数,在测试 sigmoid 激活函数时只需要将第 67 行的 tf. nn. relu 替换为 tf. nn. sigmoid 即可。

指定 relu 为激活函数时,第 85 行首先选取了测试集中的前 4 张图片进行测试,前 4 张图片都为"0"。第 87 行将这 4 张图片输入训练后的神经网络,得到如下测试结果:

```
Character 0 testing output:
[[47.3172493,    9.6594429,   -30.56566811,   14.93180561,   -76.1582489,    34.
89009476,   43.23461533,   19.20979309,   17.63111115,   -29.15101433]
 [31.06926155,   -2.11387849,  -18.61552811,   -2.31342196,   -35.97279358,    4.
77552652,   18.55180168,   9.11598206,   16.03431892,   1.25668442]
 [51.43417358,  -23.74748611,   17.64348602,  -12.54143333,   -17.97895241,   -29.
1123848,   16.88443375,   14.32550812,   3.86398411,   3.09573364]
 [25.26648903,  -13.86306095,   1.22343111,  -12.44030857,   -7.12289429,   -19.
61641502,   4.06439972,   4.41486216,   9.92833519,   14.71843529]]
```

经过训练,数字 i 输入后应得到 i 位最大的输出向量(假设从 0 开始计数),这样数字 0 输入后应该得到第 0 位最大的输出向量。观察以上输出结果,发现每个输出向量确实都是第 0 个元素最大(已拿下画线标出),这说明前 4 张测试图片都能够被正确识别。

第 92~102 行对 10 个测试文件夹中的图片分别进行测试,如果数字 i 的第 i 位输出向量最大,则视为该图片已经被正确识别,并统计每个数字的正确率,得到如下结果:

```
Character  0  has  180  testing  images,  correct  number  is  168, accuracy  is
0.933333333333
Character  1  has  335  testing  images,  correct  number  is  309, accuracy  is
0.922388059701
Character  2  has  232  testing  images,  correct  number  is  186, accuracy  is
0.801724137931
Character  3  has  210  testing  images,  correct  number  is  174, accuracy  is
0.828571428571
Character  4  has  182  testing  images,  correct  number  is  164, accuracy  is
0.901098901099
Character  5  has  092  testing  images,  correct  number  is  075, accuracy  is
0.815217391304
Character  6  has  158  testing  images,  correct  number  is  151, accuracy  is
0.955696202532
Character  7  has  228  testing  images,  correct  number  is  207, accuracy  is
0.907894736842
```

```
Character 8 has 174 testing images, correct number is 142, accuracy is
0.816091954023
Character 9 has 209 testing images, correct number is 166, accuracy is
0.794258373206
```

平均正确率为 88.4%。

指定 sigmoid 为激活函数时,前 4 张测试图片的输出结果为:

```
Character 0 testing output:
[[17.58213615, -8.69916248, 6.06276989, 2.96831131, -13.40203094, 5.
29901934, 3.28995371, -6.26955891, 1.22164965, -4.79618311]
[12.6842041, -4.2170763, -4.45510292, -2.36579752, 0.66360354, 9.85503578,
-2.13477945, -11.41834641, 1.20651698, -3.5596664 ]
[13.36597633, -6.1078186, 7.06638575, 1.73124397, -8.33179188, 5.20293665,
3.52600384, -13.40275574, 4.17925262, -1.19851327]
[9.5916481, -6.07073402, 4.08407402, -1.7397213, -5.08959627, 4.09921789,
0.57363605, -10.310462, 7.53290558, -3.47347307]]
```

可见也全部能正确识别。使用 sigmoid 为激活函数时,全部测试集的测试结果如下:

```
Character 0 has 180 testing images, correct number is 168, accuracy is
0.933333333333
Character 1 has 335 testing images, correct number is 308, accuracy is
0.919402985075
Character 2 has 232 testing images, correct number is 186, accuracy is
0.801724137931
Character 3 has 210 testing images, correct number is 182, accuracy is
0.866666666667
Character 4 has 182 testing images,correct number is 171,accuracy is 0.93956043956
Character 5 has 092 testing images, correct number is 077, accuracy is
0.836956521739
Character 6 has 158 testing images, correct number is 147, accuracy is
0.930379746835
Character 7 has 228 testing images,correct number is210,accuracy is 0.921052631579
Character 8 has 174 testing images, correct number is 147, accuracy is
0.844827586207
Character 9 has 209 testing images, correct number is 176, accuracy is
0.842105263158
```

平均正确率为 86.7%。经计算,3.2.3 节采用 Pybrain 搭建神经网络的平均正确率为

87.2%，三者正确率近似，但是使用 TensorFlow 的运行时间为 92 分钟，远远低于使用 Pybrain的运行时间。

运行完毕后启动 TensorBoard，可以观察到该 TensorFlow 程序的数据流图如图 5.7 和图 5.8 所示。当然，这个结果还有很大改进空间。与采用的神经网络结构和算法有关，如有兴趣继续研究，可参见 TensorFlow 官网教程。

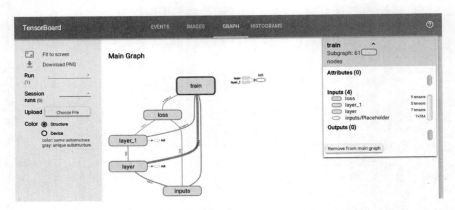

图 5.7　MNIST 数字识别 TensorBoard 输出图像

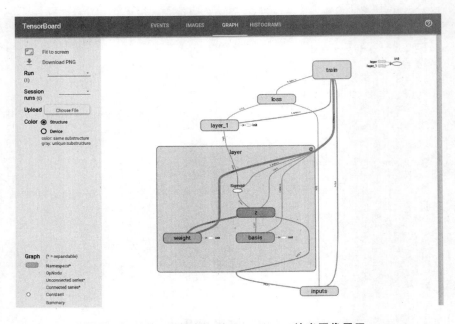

图 5.8　MNIST 数字识别 TensorBoard 输出图像展开

5.3.2　车型识别

4.3.1 节介绍了一个有趣的图像识别应用：车型识别。该节利用 Caffe 工具和 GoogLeNet 模型，使用少量的训练数据即可识别出别克君越、大众迈腾、奥迪 A6、宝马 7 系和雪佛兰科迈罗 5 种车型。本节用 TensorFlow 重写该实例，依然使用 GoogLeNet 模型，接下来将详细介绍实现的过程。

1. 数据准备

依然使用 4.3.1 节的车型数据集。该数据集收集了雪佛兰科迈罗、宝马 7 系和奥迪 A6 等 5 种车型的图片，并分别存入 Chevrolet（雪佛兰科迈罗）、BMW（宝马 7）、Audi（奥迪 A6）、DasAuto（大众迈腾）和 Buick（别克君越）5 个文件夹中。检视这 5 个文件夹可以发现，每个文件夹中的图片虽然车型相同，但是颜色、背景和拍摄角度都各不相同，还有些图片拍摄的只是车的一部分（如图 4.18 所示）。这些图片作为车型识别的训练集，可以对这 5 种车型进行全方位的特征提取，并提高识别的健壮性。

然后新建一个 train 文件夹作为本实例的工作区，后面的操作都在该文件夹下进行。在 train 文件夹下新建 train_data 文件夹，用于存放本例的训练数据，并将 Chevrolet、BMW 和 Audi 等 5 个文件夹置于 train_data 文件夹内。需要提醒的是，读者在借鉴本实例使用 TensorFlow 进行图像识别时，需要保证训练数据集的每个类型下的图片数量要大于 30 张，否则会在训练阶段报出"mod_index = index % len(category_list) ZeroDivisionError: integer division or modulo by zero"的错误。

依然以图 4.24 所示的雪佛兰科迈罗为测试图片，将该图片命名为 car.jpg，并放置于 train 文件夹下，以供后面测试之用。

2. 模型训练

同 4.3.1 节一样，本例也利用 GoogLeNet 进行训练。由于 TensorFlow 中有现成的工具，可借助这些工具完成车型识别的实验。首先从 https://github.com/tensorflow/tensorflow/archive/r0.12.zip 下载源代码，解压缩后将 tensorflow/examples/image_retraining/文件夹的 retrain.py 文件复制到本例的工作区 train 文件夹下。从文件名可以看出，该文件负责模型的重训练。

用于车型识别的模型重训练采用迁移学习的原理，在已经训练好的图像识别模型的基础上，替换掉输出层进行重新训练，这样可用较少的训练集和较短的时间获得精度较高的结果。retrain.py 文件正是利用了已经训练好的 Inception V3 模型，该模型最后一层是一个 softmax 分类器，这个分类器有 1000 个输出节点，需要删除该输出层，变为所需要的输出节点数量（本例为 5），然后进行重训练。该模型的倒数第二层 bottleneck 层计算出图像的一个 2048 维的特征向量，retrain.py 将该层计算出的每张图片的特征向量保存到文本文件中，用于 softmax 分类器的训练。

有兴趣的读者可详细阅读 retrain.py 的代码。该文件包含了几个参数：bottleneck_dir 指示 bottleneck 层输出参数的存放地址；how_many_training_steps 指示迭代次数，本例为 4000 次；output_graph 指定重训练后模型的名字，本例为 output_graph.pb；output_labels 指定存放输出标签的文件名，本例为 output_labels.txt；model_dir 指定下载的 inception 模型的地址，本例为 model；output_layer 指定模型输出层的名字，本例为 final_result；image_dir 给出训练集图片地址，如上所述，为 train_data。

在 TensorFlow 虚拟环境中，工作区文件夹 train 下执行以下指令：

```
(tensorflow)zlyf@ zlyf:~/Desktop/tens- reul/train$  python retrain.py \\
--bottleneck_dir bottleneck --how_many_training_steps 4000 \\
--output_graph output_graph.pb --output_labels output_labels.txt\\
--model_dir model --output_layer final_result  --image_dir train_data
```

运行结果为：

```
Looking for images in 'Audi'
Looking for images in 'Chevrolet'
......
2016-12-27 11:03:21.831948:Step 3980:Validation accuracy=75.0%
2016-12-27 11:03:22.474345:Step 3990:Train accuracy=100.0%
2016-12-27 11:03:22.474472:Step 3990:Cross entropy=0.051444
2016-12-27 11:03:22.533567:Step 3990:Validation accuracy=75.0%
2016-12-27 11:03:23.039254:Step 3999:Train accuracy=100.0%
2016-12-27 11:03:23.039325:Step 3999:Cross entropy=0.049249
2016-12-27 11:03:23.089393:Step 3999:Validation accuracy=71.0%
Final test accuracy=86.6%
```

可见最后得到的模型平均测试精度是 86.6%，平均测试精度是下面验证精度（Validation accuracy）的平均值。运行 retrain.py 文件后首先会加载 inception V3 模型，然后用新的训练数据训练并替换模型的输出层。训练结果显示每迭代 10 次会输出一次结果,输出的结果包括:训练准确性(train accuracy),指的是当前批次训练图片的召回率;验证精度(validation accuracy),指的是从训练集中随机选取一组图片的测试正确率;交叉熵(cross entropy),指的是交叉熵损失函数的值,在整个训练过程中,交叉熵一直在下降直至收敛。此实例训练集的图片数量较少,只是为了说明原理。如果想得到识别精度更高的模型,可以增加训练集的图片数量,并适当增大迭代次数。

训练完毕后,检视工作区文件夹 train,会发现该文件夹中多了若干文件夹和文件:bottleneck 文件夹,该文件夹下有 5 个文件夹,分别是 Audi、BMW、Chevrolet 等 5 个训练车型,文件夹中的每一张训练图片的 2048 维 bottleneck 层特征向量都被存储在一个 txt 文件中;model 文件夹存储下载的 inception V3 模型;output_graph.pb 文件为训练后的神经网络模型;output_labels.txt 文件存放 5 种车型的标签。

3. 模型验证

我们采用的测试图片仍然是 4.24 节那张经典的雪佛兰科迈罗图片。首先读入测试图片和标签。然后读入训练好的模型,获取输出层的张量,并输入测试图片。最后将测试结果按照置信度排序并输出结果。按照以上步骤编写 TensorFlow 程序如下:

```
1 import tensorflow as tf
2 import sys
3 img_path=sys.argv[1]
4 img=tf.gfile.FastGFile(img_path,'rb').read()
5 labels=[]
6 for label in tf.gfile.GFile("output_labels.txt"):
7   labels.append(label.rstrip())
8 with tf.gfile.FastGFile("output_graph.pb",'rb') as f:
9   graph_def=tf.GraphDef()
10   graph_def.ParseFromString(f.read())
11   tf.import_graph_def(graph_def)
12 with tf.Session() as sess:
13   softmax_tensor=sess.graph.get_tensor_by_name('final_result:0')
14   predict=sess.run(softmax_tensor,{'DecodeJpeg/contents:0':img})
15   top=predict[0].argsort()[-len(predict[0]):][::-1]
16   for index in top:
17     names=labels[index]
18     score=predict[0][index]
19     print(names,score)
```

代码第 3 行和第 4 行将测试图片读入 img；第 5～7 行将 output_labels 存放的车型标签读入 labels；第 8～11 行将训练好的 output_graph. pb 模型加载至 TensorFlow；第 12～15 行使用输出层张量对测试图片 car. jpg 进行测试，并按照置信度进行排序；第 16～19 行按照置信度的降序将车型标签和置信度输出。在 TensorFlow 虚拟环境中，工作区文件夹train 下执行以下指令：

```
(tensorflow)zlyf@ zlyf:~/Desktop/tens- reul/train$  python test.py car.jpg
```

运行结果为：

```
('chevrolet',0.98311263)
('bmw',0.013476177)
('buick',0.0017763152)
('audi',0.0013902896)
('dasauto',0.00024465084)
```

可见对于测试图片雪佛兰科迈罗的识别结果为雪佛兰（chevrolet）的置信度为0.98311263，还是相当准确的。

除此之外，还可以使用 TensorFlow 自带的 C 语言例子，通过训练好的 output_graph. pb 模型进行车型识别。首先对 C 代码使用 bazel 进行编译，按照如下步骤安装 bazel 的依赖程序，并运行 bazel 的安装脚本。

```
sudo apt-get install python-numpy swig python-dev python-wheel
sudo apt-get install oracle-java8-installer
wget \\
https://github.com/bazelbuild/bazel/releases/download/0.2.2b/bazel-0.2.2b-in-
staller-linux-x86_64.sh
chmod + x bazel-0.2.2b-installer-Linux-x86_64.sh
./bazel-0.2.2b-installer-linux-x86_64.sh-user
source /home/zlyf/.bazel/bin/bazel-complete.bash
export PATH= "$ PATH:$ HOME/bin"
```

在 TensorFlow 根目录下运行 configure 文件，下载和配置依赖文件，通过 bazel build生成 bazel 的可执行文件如图 5. 9 所示。

```
zlyf@ zlyf:~/retrain/tensorflow-r0.12$ sudo ./configure
zlyf@ zlyf:~/retrain/tensorflow-r0.12$ sudo bazel build tensorflow/examples/
\\
label_image:label_image
```

```
zlyf@zlyf:~/retrain/tensorflow-r0.12$ ls
ACKNOWLEDGMENTS      BUILD              jpeg.BUILD        six.BUILD
ADOPTERS.md          configure          jsoncpp.BUILD     tensorflow
AUTHORS              CONTRIBUTING.md    LICENSE           third_party
bazel-bin            eigen.BUILD        linenoise.BUILD   tools
bazel-genfiles       farmhash.BUILD     models.BUILD      util
bazel-out            gif.BUILD          nanopb.BUILD      WORKSPACE
bazel-tensorflow-r0.12  gmock.BUILD      png.BUILD         zlib.BUILD
bazel-testlogs       grpc.BUILD         README.md
bower.BUILD          ISSUE_TEMPLATE.md  RELEASE.md
```

图 5.9　通过 **bazel build** 生成的 **bazel** 可执行文件

执行 label_image 例子,采用训练得到的模型文件对程序进行赋值。同样得到此模型对于 car.jpg 的识别结果是雪弗兰(chevrolet)的置信度为 0.979382。

```
(tensorflow)zlyf@ zlyf:~/retrain/tensorflow-r0.12$ bazel-bin/tensorflow/ex-
amples/label_image/label_image\\
--graph= /home/zlyf/Desktop/tens-reul/train/output_graph.pb \\
--labels= /home/zlyf/Desktop/tens-reul/train/output_labels.txt \\
--image= /home/zlyf/Desktop/tens-reul/car.jpg --output_layer= final_result
```

运行结果为:

```
I tensorflow/examples/label_image/main.cc:205] chevrolet (0):0.983113
I tensorflow/examples/label_image/main.cc:205] bmw (2):0.0134762
I tensorflow/examples/label_image/main.cc:205] buick (1):0.00177632
I tensorflow/examples/label_image/main.cc:205] audi (4):0.00139029
I tensorflow/examples/label_image/main.cc:205] dasauto (3):0.000244651
```

5.4　本章小结

本章首先介绍了 TensorFlow 的由来和基本工作原理。阐述了 TensorFlow 架构中图、张量、运算和会话等基本概念,以一个简单的计算应用让读者初步认识 TensorFlow。

随后用 TensorFlow 重写了父子身高问题的线性回归实例。最后又用 TensorFlow 重写了 3.2 节的 MNIST 手写数字识别和 4.3.1 节的车型识别。相比于 Caffe，TensorFlow 的安装更为简单，使用也更为方便，这也是其近期得到越来越广泛应用的原因。

📦 参考文献

［1］Dean J，Monga R．TensorFlow：Large-Scale Machine Learning on Heterogene-ous Distributed Systems［J］．Preliminary White Paper．2015.

［2］http：//www.jianshu.com/p/e112012a4b2d

［3］http：//neuralnetworksanddeeplearning.com/

［4］http：//blog.csdn.net/u014595019/article/details/52562159

［5］http：//www.tensorfly.cn/tfdoc/how_tos/graph_viz.html

## 第 6 章

强化学习简介

> 　　虚竹慈悲之心大动，心知要解段延庆的魔障，须从棋局入手，只是棋艺低浅，要说解开这局复杂无比的棋中难题，当真是想也不敢想，眼见段延庆双目呆呆地凝视棋局，危机生于顷刻，突然间灵机一动："我解不开棋局，但捣乱一番，却是容易，只须他心神一分，便有救了。既无棋局，何来胜败？"便道："我来解这棋局。"快步走上前去，从棋盒中取过一枚白子，闭了眼睛，随手放在棋局之上。
>
> ——《天龙八部·输赢成败 又争由人算》

　　以上这段文字出自《天龙八部》第 31 章"输赢成败 又争由人算"，描述的是虚竹误打误撞破解逍遥派无崖子布下的珍珑棋局的场景。珍珑是围棋中的难题，《天龙八部》一书中描述的珍珑棋局共有 200 余子，"劫中有劫，既有共活，又有长生，或反扑，或收气，花五聚六，复杂无比"。在挫败了段誉、慕容复、段延庆等一众高手后，被虚竹歪打正着地以"倒脱靴"的手法，自杀一堆白子，从而海阔天空，最终破解。这段情节曾经看得多少读者如痴如醉，充分体现了围棋的博大精深。

　　围棋是中国的国粹之一，相传为尧帝发明，距今已有 4000 多年的历史，古称"弈"，英文名 Go，是一种高雅的，需要创造力的游戏。中国历史上有关围棋的传说很多，例如王质烂柯、刘仲甫呕血、王积薪遇仙等。这些传说给围棋增添了许多神秘色彩，其中最有名的要数王质烂柯的故事。南朝梁著名地理学家任昉撰写的《述异记》中记载，晋代樵夫王质山中打柴，遇到数名童子下棋唱歌。童子给王质一枚枣核样的东西，王质含在嘴里竟不觉得饥饿，于是放下斧头，坐下来看童子下棋。过了一会儿，童子对王质说："你的斧柄都烂啦！"王质回头一看，果然自己斧头的木柄都腐烂了，再回到乡里，已经物是人非。仙人棋一局，世间已百年，不正暗示着小棋盘中的大乾坤吗？后来，烂柯竟成了围棋的别称。

众所周知，围棋易学难精，变化极多，需要很强的悟性，自古有"二十岁不成国手，终生无望"的说法。这种复杂性给人工智能的应用带来了巨大的挑战。早在 1997 年，IBM 的"深蓝"计算机首次战胜世界棋王卡斯帕罗夫的时候，就有专家预测，虽然人工智能可以在国际象棋上战胜人类，但是在围棋上打败人类还遥遥无期。因为那时的弈棋类人工智能本质上还是利用计算机强大的计算能力去遍历尽可能多的走子序列，并选出最优的落子方案。然而围棋的走子可能性要比国际象棋大好几个数量级，以那时的人工智能技术是不可能很好解决的，因此有媒体称围棋是人类智力的最后阵地。

近年来，深度学习在计算机视觉、自然语言处理和语音识别等方向上的巨大成功，给弈棋类人工智能带来了新的思路。DeepMind 公司开发的 AlphaGo 正是结合了深度学习、强化学习和蒙特卡罗树搜索等方法，于 2016 年 3 月以 4:1 的成绩击败职业九段选手李世乭，攻克了人类智力最后的阵地，成为 2016 年度人工智能领域最具轰动性的新闻。

本章将简单探讨 AlphaGo 的组成结构，借此介绍强化学习的基本原理。第 1 章已经讲过，现有的机器学习方法依据模型的学习过程大概可分为监督学习、无监督学习、半监督学习和强化学习。第 3～5 章大部分实例都是基于监督学习的，无监督学习的目的在于找出数据内部的结构，而 AlphaGo 通过强化学习来不断提升其棋力，最终打败世界顶尖高手，可以说强化学习正是 AlphaGo 的灵魂。

6.1 强化学习基本原理

监督学习和强化学习是目前应用较多的两种机器学习方法，如果将两者做个对比，监督学习就好像是学生在课堂里听老师传授知识，老师会告诉你什么是对的，什么是错的，什么事物的原理是什么。参考识图的训练过程，就好比老师拿了许多图片，一一告诉你，这张图片是什么，那张图片是什么。而强化学习则不同，其学习过程更像是自学。例如骑车、游泳等实践性很强的活动，虽然教练也会教你基本原理，但是不亲自实践而能学会骑车、游泳简直是不可能的。你必须在实践中摔几跤，喝几口水，然后才能慢慢学会。强化学习正是模拟了这个过程，该过程其实是一个与环境交互的过程：摔倒了，才知道如何掌握平衡；喝几口水，才知道如何换气，如何协调动作。

在实践中不断尝试，可能会得到奖赏（骑得很稳），也可能会受到惩罚（摔倒）。根据这些环境的反馈,纠正自己的动作,最终掌握该项技能的过程抽象出来就是强化学习(rein-forcement learning)。事实上,强化学习的一个重要应用就是博弈类游戏。早在 1995 年,Tesauro 就开发了 TD-Gammon 程序[1],使用强化学习的方法通过 150 万次对弈训练达到了西洋双陆棋的国际顶尖水平。

强化学习被 R. S. Sutton[2] 定义为:强化学习是学习做什么,即如何从状态映射至行动,以获得最大累计回报的过程。由定义可知,强化学习适合解决控制序列过程的问题。棋类游戏正是这类问题的典型代表。本节通过一个简单的棋类游戏——九宫棋,来阐述强化学习中的一种经典学习方法:Q 学习,并通过该例子初步理解早期弈棋类人工智能的工作原理。九宫棋的规则非常简单,玩家双方在九宫格棋盘上轮流落子,棋子连成一条线的一方获胜,如图 6.1 所示。

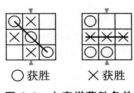

〇获胜　　　✕获胜

图 6.1　九宫棋获胜条件

下面先将弈棋的过程抽象为数学模型。以九宫棋为例,双方走棋的过程可以用一个树状结构来表示,如图 6.2 所示。双方每落一子后会得到一个新的棋局,直到棋局终结(一方胜出或者和棋)。图 6.2 中展示了一个决策树,树的节点就是棋局,树的边就是落子的动作。如果将棋局视为状态 s,落子的行为视为动作 a,整个弈棋的过程可看作是马尔可夫决策过程(Markov Decision Process,MDP)。本例将状态集合 S 分为两个子集:S° 表示〇方落子后的状态集合,即图 6.2 中虚线框内包含的状态;$S^\times$ 表示✕方落子后的状态集合,即图中实线框内包含的状态。类似地,动作集合 A 也可分为两个子集:A° 表示〇方落子的动作集合,$A^\times$ 表示✕方落子的动作集合。每次从一个状态 s 出发,选择一个动作 a 并执行都会得到一个立即回报 r,这个 r 与 s 和 a 都相关,记为 $r(s,a)$。立即回报是采取动作 a 后得到的直接好处,如象棋中的将对方的棋子吃掉,或者其他可直接观察到的局势改变。

显而易见,作为一名高明的棋手,只考虑下一步的棋局形势是不够的,往往需要提前考虑后续若干步的走法和棋局,这就是所谓的"走一步看三步"。有鉴于此,定义 $Q(s,a)$ 为从状态 s 开始,选择动作 a 时的最大累积回报,换句话说就是从状态 s 开始,选择了 a 以后直到终盘的最大立即回报之和。当然,每步的立即回报都要乘以一个折算系数 λ,$0 \leqslant \lambda < 1$。

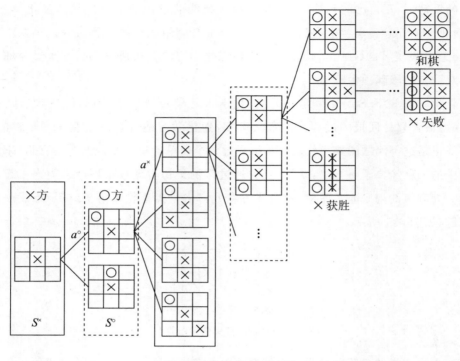

和棋

×失败

×获胜

图 6.2　九宫棋对弈过程

这样一来 $Q(s,a)$ 就可以作为弈棋时选择动作的依据,因为 $Q(s,a)$ 从当前状态 s 一直看到终局。$Q(s,a)$ 定义为:

$$Q(s,a) = r(s,a) + \lambda \max_a * (Q(\mu(s,a), a^*))$$ (6-1)

其中 $\mu(s,a)$ 为 s 状态下选择 a 动作后所进入的下一个状态,a^* 为状态 $\mu(s,a)$ 下所有可能采取的动作。具体到九宫棋游戏中,×和○双方轮流通过动作 $a^\times$ 和 a° 在棋盘中落子,并在 S° 和 $S^\times$ 之间切换状态。S° 和 $S^\times$ 中有一些特殊的状态,这些状态就是终局状态,如图 6.2 中所示的×方获胜,×方失败或者和棋状态。一旦到达这些状态,棋局就结束了,因此只有指向这些状态的动作而没有从这些状态出来的动作,故而这些状态也被称为吸收状态。

假设智能程序为×方,对于计算机来说,由于九宫棋没有吃子或者提子等动作,除非棋局结束,局面是不容易判断的。因此定义立即回报 $r(s,a)$ 为:

$$r(s,a) = \begin{cases} 1, & \text{if } \mu(s,a) \text{ is } \times \text{ win} \\ 0, & \text{if } \mu(s,a) \text{ is draw or other states} \\ -1, & \text{if } \mu(s,a) \text{ is } \times \text{ lose} \end{cases}$$ (6-2)

由公式(6-2)可知当动作 a 使得×方获胜,则 $r(s,a)$ 为 1;若 a 使得×方失败,则 $r(s,a)$ 为 -1;当 a 使得双方和棋或者进入中间状态,则 $r(s,a)$ 为 0。当 $\mu(s,a)$ 为终局状态时,没有 a 可以改变此状态,故 $Q(\mu(s,a),a^*)\equiv0$。若图 6.2 画出了所有棋局的可能,去除对称等价的棋局,则公式(6-1)中的 $Q(s,a)$ 和 $r(s,a)$ 都可以表示为矩阵的形式。矩阵 $Q=(q_{ij})_{n\times n}$,其中 $i,j\in S$,状态集合 S 中共有 n 个元素,若状态 i 到状态 j 之间没有动作直接相连,则 $q_{ij}=0$。$Q(s,a)=q_{ij}$,其中 $s=i,\mu(s,a)=j$。同理,矩阵 $R=(r_{ij})_{n\times n}$,其中 $i,j\in S$,状态集合 S 中共有 n 个元素,若状态 i 到状态 j 之间没有动作直接相连,则 $r_{ij}=0$。$r(s,a)=r_{ij}$,其中 $s=i,\mu(s,a)=j$。若 j 为终局状态且为×方胜,则 $r_{ij}=1$;若 j 为终局状态且为×方败,则 $r_{ij}=-1$;其他情况 $r_{ij}=0$。这样的话,九宫棋的 Q 学习算法如表 6.1 所示。

表 6.1　九宫棋 Q 学习算法

Q 学习算法:
设置折算系数 λ 　　初始化 Q 矩阵为 0 　　while 不满足停止条件: 　　$s_{current}$ = 根节点 　　while $s_{current}$! = 终局状态 　　从 $s_{current}$ 所有可能动作中选择一动作 a 　　计算并更新 Q 矩阵:$Q(s_{current},a)=r(s_{current},a)+\lambda\max_{a*}Q(\mu(s_{current},a),a^*)$ 　　$s_{current}=\mu(s_{current},a)$

其中 $s_{current}$ 为当前状态,根节点即图 6.2 中的最左边的起始棋局,本例假设智能程序控制的×方为先手,0 方先手情况类似。a^* 为状态 $\mu(s_{current},a)$ 所有可以选择的动作。这里需要说明的是,由于九宫棋盘中心点的重要性大于角点大于边点,一般理智的棋手会将第一手下在九宫棋盘的中心。可以证明的是,以上算法的 Q 矩阵会收敛至一个确定的值。如果不需要等到 Q 矩阵收敛,可以设置其他的停止条件。

Q 矩阵一旦被计算出,智能程序就可以利用 Q 矩阵进行走子的决策。具体的方法为从初始状态开始,从矩阵中寻找 Q 值最大的状态作为下一状态;在此状态的基础上,对手会应一手棋并使得状态更新;从更新的状态出发寻找 Q 值最大的状态作为下一状态;重复以上过程直到当前状态为终局状态。由上可见,在对手每次落子之后,智能程序都会根据 Q 矩阵选出胜率最大的走法。然而在 Q 矩阵生成的过程中,智能程序模拟了对手的应对策略,是一个"自己跟自己下棋"的过程,也就是一般棋手的推演过程。

　　由于九宫棋的策略简单，状态较少，只要双方应对得当，一般情况下是和棋。九宫棋属于棋类中相当简单的一种，状态少，策略单一，容易推算，像国际象棋和围棋这种复杂的棋类，状态集巨大、策略复杂，是很难穷举的。本节以九宫棋为例，只是为了说明基本原理。

6.2　AlphaGo 基本架构

　　上一节已经介绍一个基本的强化学习算法：Q 学习。本节将简要阐述 AlphaGo 的工作原理。AlphaGo 人工智能围棋程序是由谷歌旗下的 DeepMind 公司研发，问世以来获得了一系列骄人的战绩。2015 年 10 月以 5∶0 战胜欧洲围棋冠军、职业二段选手樊麾；2016 年 3 月以 4∶1 战胜世界围棋顶尖高手、职业九段选手李世乭；2017 年 1 月一个名叫 Master 的神秘网络围棋手轰动了围棋界，它在几个知名围棋对战平台上轮番挑战中日韩围棋高手，在线上平台上接连战胜了聂卫平、柯洁、古力、朴廷桓、唐韦星、范廷钰、周俊勋和黄云嵩等多位围棋高手，取得了 60 连胜的战绩。后来根据多方信息推断神秘棋手 Master 应该就是 AlphaGo 的升级版。

　　关于 AlphaGo 的工作原理，DeepMind 团队曾在 *Nature* 上发表论文[3]予以阐述，一些人工智能技术爱好者根据该论文复现了 AlphaGo，本节就根据该论文讨论 AlphaGo 的架构。

　　先考虑人类是如何下棋的。图 6.2 的树状结构可以很好地模拟人类下棋的思考过程。在面对某个棋局时，棋手会首先选择若干对他有利的走法。对于每种走法，棋手会模拟对手将如何应对，然后自己再如何应付，如是向下推演若干步。最后棋手会根据推演的最终结果选择一种最有利的走法。这个过程可以模型化为一个树状结构的搜索过程，如图 6.3 所示。

　　这种决策过程简单明了，AlphaGo 的核心架构蒙特卡罗树搜索（Monte Carlo Tree Search，MCTS）正是采用了类似的方法。MCTS 是决策过程中的一种启发式搜索算法。2006 年，Rémi Coulom 把蒙特卡罗方法在游戏树中的搜索正式命名为蒙特卡罗树搜索，此后该方法被广泛地应用于各类博弈游戏，尤其是围棋。Rémi Coulom 是 AlphaGo 研发团队核心成员 Aja Huang（黄士杰博士）的老师，曾研发过著名围棋软件 Crazy Stone，是早期研究用 MCTS 进行围棋对战的学者之一。其弟子 Aja Huang 正是继承了他的部分工作，才能造就 AlphaGo 的辉煌战绩。

　　MCTS 的目的在于找出最有希望的走子方法。其通过大量模拟从根节点到游戏结束

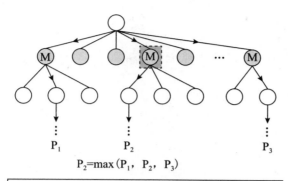

图 6.3 弈棋决策树状搜索过程

节点的路径访问,近似地知道哪条路径较好,从而选择最好的走子方法。整个过程可以分为 4 个步骤:选择(selection)、扩展(expansion)、模拟(simulation)和回溯(back propagation)[4]。

考虑如图 6.4 所示的蒙特卡罗树,树的节点中 x/y 形式的数字标号,x 表示选中此节点后最终获胜的次数,y 表示该节点被选中的次数。按照图 6.4 中所示箭头方向递归选择最优的子节点,也即 x/y 值最大的节点,因为这表示着选择该节点的胜率较大,直到达到叶子节点。这个过程就是 MCTS 的选择过程,整个选择的过程将会被统计记录下来。

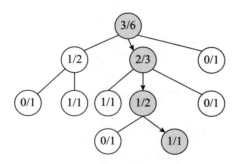

图 6.4 MCTS 选择过程

到达叶子节点之后,如果此时棋局没有结束,那么就扩展创建一个或者更多的子节点,随机选择一个未被访问的子节点,被选中的新节点被添加到搜索树中。如图 6.5 所示,标号为 0/0 的叶节点即为被选中并添加的新节点。图 6.5 就是 MCTS 的扩展过程。

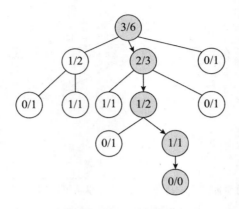

图 6.5 MCTS 扩展过程

从 0/0 节点开始，继续向下进行模拟移动，直到博弈游戏结束，模拟移动可以是完全随机的。模拟的过程用图 6.6 中的虚线箭头表示，这就是 MCTS 的模拟过程。

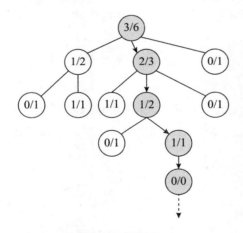

图 6.6 MCTS 模拟过程

到博弈游戏结束之后，用模拟的棋局输赢结果回溯更新当前行动序列。如果赢棋，路径上节点标号中的分母选中次数 y 加 1，分子最终获胜次数 x 加 1。如图 6.7 所示，这就是 MCTS 的回溯过程。可以想象，在模拟次数足够多的情况下，按照标号值最大的路径选择落子方法，可得到近似最优的选择。像图 6.2 所示的九宫棋，状态空间有限，可以通过遍历决策树的方法找出最优解。但围棋的搜索宽度约为 250，搜索深度约为 150，也就意味着遍历搜索整个树需要 250^{150} 步，这几乎是不可能的。

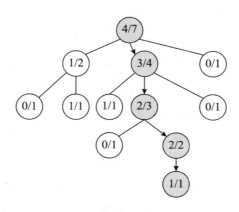

图 6.7　MCTS 回溯过程

在之前的人工智能围棋程序中,也有使用 MCTS 选择最优落子方法的,但是效果不佳。AlphaGo 通过两个方法来有效地缩小搜索空间。第一个方法是通过估值网络减小搜索深度,即在某一状态下截断搜索,用此时的估值网络代替以后所有的子树状态去预测棋局的收益(输赢)。另一个方法就是通过监督学习得到的快速走子策略(fast rollout policy)网络,减少搜索的宽度。快速走子策略网络能迅速输出可能落子点的概率分布,选择最大概率值节点进行落子。关于这两个网络是如何得到的,以下将详细阐述。

1. 监督学习策略网络

人类棋手学习下棋的时候往往会向前辈高手们学习,例如看一些高手的经典对局或者经典棋谱。这样做的目的在于以后遇到类似的棋局时可以用对局或者棋谱中的招数予以应对,或者在此基础上举一反三,进行创新。在面对一个棋局的时候,新手往往认为许多点都可以落子,而高手根据其经验和对局势的把握,只会选择某几个点落子。事实证明,高手选择的落子点往往有较高的胜率。对于人工智能程序来说,这些落子点正是它需要学习的内容。而对于前面提到的 MCTS 来说,学习这些高胜率的落子点可以大大降低搜索宽度,因为只需要对这些少量的落子点进行推演即可。

AlphaGo 训练了一个 13 层的监督策略网络来解决这个问题。众所周知,围棋棋盘为 19×19 路,每一个位置上可能是黑子、白子或者无子。除了棋盘的落子颜色特征,围棋还有轮次、气、征子、合法性、打吃和被打吃等特征。这样每个位置上共有 n 个特征,一个棋局就可以视为一张 19×19 像素 n 通道的图像。这些“图像”就是神经网络的输入,而输出则是包含 $19 \times 19 = 361$ 个元素的一维向量,每个元素的值代表在棋盘上相应点落子的概率。

AlphaGo 采用 KGS 服务器(世界上最大的围棋服务器之一)上近 2840 万步专家棋谱作为训练样本,通过 softmax 层输出落子的概率分布,然后用 100 万步棋进行测试。此模型达到的精度为 55.7%,执行速度约为每步 3ms。此网络记为 p_σ,已经可以和业余 6 段左右的人类选手过招,互有胜负。由此可见,AlphaGo 通过对人类专家棋谱的学习,已经知道如何落子有较大的胜算。当然,这还远远不够,其中的一个问题就是 p_σ 决策较慢,难以适应实战的节奏。有鉴于此,AlphaGo 又训练了一个快速走子网络。

快速走子网络的本质依然是一个监督学习网络,原理也与 p_σ 相同,只是其使用了较少的特征。快速走子网络的输出仍为每个点的落子概率,网络的准确率降为 24.2%,但速度提升为 $2\mu s$ 每步,足以适应实战的节奏。快速走子网络记为 p_π。如前所述,虽然 p_σ 已经学尽了近 3000 万步的棋谱,但其水平也仅相当于业余 6 段,与世界顶级的专业棋手相比,差距还是很大的。要比肩世界顶级水平,AlphaGo 还需要训练一个强化学习策略网络。

2. 强化学习策略网络

在完成近 3000 万步的棋谱训练后,p_σ 已经对人类一般专家棋手的走法了然于胸,专家棋谱已经再没有什么可以教 p_σ 的了。这时候 AlphaGo 开始利用 p_σ 自己跟自己下棋以提升棋力,通过强化学习的方法,进一步改进决策网络的参数,这就是强化学习策略网络,记为 p_ρ。

p_ρ 与 p_σ 的结构相同,其输出都是每个点的落子概率。首先将网络 p_σ 作为强化网络 p_ρ 的初始网络,然后将当前网络与之前的某个随机版本的网络进行对弈,并得到棋局的输赢;根据棋局的输赢结果通过强化学习方法更新强化学习的模型参数;每 500 次的对弈之后就把当前学习到的强化网络复制成对手策略网络;然后重复此过程更新模型参数。

这种通过自我学习得出的强化学习策略网络与监督学习策略网络对弈时,已有 80% 的胜率。在与 Pachi(一种依赖蒙特卡罗搜索的围棋程序)的对弈中赢得了 85% 的棋局。虽然强化学习得出的 p_ρ 与 p_σ 相比已经大大改进,胜率也得到了长足提高,但是 p_ρ 本质上还是对当前局势的一种判断,仅靠对局势的判断还不足以跻身绝顶高手之列。绝顶高手往往对棋局的发展有很强的推演能力,据说顶尖棋手古力可以推演到 50 步之后的棋局发展,已经是非常了不起。这种洞穿棋局的推演能力,靠的就是强化学习估值网络。

3. 强化学习估值网络

估值网络的作用在于"洞穿棋局",也就是给定一个棋局 s,估值网络可以推演出孰胜孰负。估值网络和策略网络的架构类似,只是其输出值是一个棋局胜率的预测标量,而不是落子的概率分布。其训练数据为 (s, z)，其中，s 为棋局，z 为棋局胜负预测标量。显然，估值网络预测的准确与否与训练数据有着极大的关系。其中有一个方案就是使用人类专家棋谱进行训练，这样做的结果是，估值网络在训练集上的均方误差为 0.19，在测试集上的均方误差为 0.37。可见估值网络出现了过拟合，在新位置上的泛化能力较差。为了解决这个问题，还是使用自我对弈的方法，在强化学习策略网络自我对弈中，使用不同棋局中采样不同位置生成 3000 万个训练数据，其中每一局都由强化策略网络自我对弈直到游戏结束为止，新的训练数据的训练误差为 0.226，而测试误差为 0.234，这表明网络有很好的适应性和极小的过度拟合。

到此为止，前面提到的 MCTS 中减少搜索宽度（快速走子网络）和减少搜索深度（估值网络）的两大神器都已经铸造完毕。AlphaGo 就凭借着快速走子网络对局势的准确把握和估值网络对棋局发展的精准评估俾睨群雄，跻身绝顶高手之列。

■ 6.3 其他趣味应用

除了以上介绍的实例外，深度学习还有很多有趣的应用。其中一个很神奇的应用就是画风迁移[5]。众所周知，许多世界著名的画家其画作都有自己明显的风格。如印象主义的莫奈、雷诺阿，后印象主义的凡高、塞尚，还有立体主义的毕加索等。他们的画作如凡高的《星夜》、莫奈的《日出·印象》、蒙克的《呐喊》和毕加索的《格尔尼卡》等，都是让人过目难忘的世界名画。除了西方画家的这些流派，中国国画也分为若干流派，如"金陵画派""松江画派""吴派"和"浙派"等，也产生了许多鼎鼎有名的旷世名作，如北宋范宽的《溪山行旅图》、北宋张择端的《清明上河图》和元代黄公望的《富春山居图》等。

很多画师穷尽一生来模仿某一流派的大师。对于一些收藏家和鉴赏家来说，他们可以很容易地辨识出某位名家的作品，甚至对于普通人来说，区分某些流派的作品也并非难事。之所以如此，究其原因还是这些流派的画风有很大差异。那到底什么是"画风"？这好像很难用言语表达清楚，但是不同画风的作品确实很容易被区分。2015 年，Gatys 等人在文献[5]中首次利用深度神经网络给了画风一个科学的解释，由此引出了一个有趣的应用——画风迁移。

画风迁移的意思是任找一张普通图片和一张世界名画，将该世界名画的风格迁移到普通图片上。也就是说，普通图片在内容不变的情况下，画风已经变成了该世界名画的风格。以图 6.8 为例，左边的原图为南京大学的标志性建筑北大楼（图片来自网络），左下角的图片就是梵高大名鼎鼎的《星夜》。将星夜的风格迁移至原图,可得到右边的图片。显而易见,该图片内容虽然还是北大楼,但风格已经与星夜相同了。

图 6.8　画风迁移示例

画风迁移是如何做到这一点的呢?其实原理是非常简单的。这基于一个理论,即图像的内容和风格是可以分离的。如图 6.8 的右图,其内容与北大楼的原图相同,而风格又与凡高的星夜相同。也就是说,如果能够找到表示图像内容和风格的方法,就可以很容易地进行画风迁移。幸运的是,这种方法已经被德国科学家 Gatys 等找到。

前面已经讲过,图像的内容特征可以由深度神经网络中间层的特征图表示,不同内容图像之间的差异可以由特征图之间的差异来表示,这是很容易理解的。而图像的风格特征,经研究也可以用深度神经网络的中间层特征图表示,就是层特征图之间的相关度。如此,画风的迁移其实就是寻找一张图片,其内容与原图相似,而风格与某风格图片相似。然后采用随机梯度下降法进行优化,最终的结果就是融合了原图内容和风格图片画风的新图片。Gatys 的实验采用训练好的 VGG 为深度卷积神经网络,对图片画风迁移进行实验,以白噪声图片为起始图片,并获得了很好的效果。

这个项目已经有开源的版本。以下将介绍如何利用开源的代码自己实现画风迁移,只需要简单的三步:

(1)下载 VGG-19 网络模型,并保存在根目录下:

```
http://www.vlfeat.org/matconvnet/models/beta16/imagenet-vgg-verydeep-19.mat
```

(2)下载源代码文件:

```
https://github.com/anishathalye/neural-style
```

(3)运行指令:

```
python neural_style.py--content 原始图片文件名 --styles 风格图片文件名 --out 生成图
片文件名
```

可选参数简介：

```
--iterations 迭代次数,默认 1000。
--style-weight 风格权重,默认 1e2
--content-weight 内容权重,默认 5e0
--learning-rate 学习率,默认 1e2
```

即可得到画风迁移后的图片。需要注意的是,这个项目需要预先安装 TensorFlow、numpy、SciPy 和 Pillow,而这些依赖基本在前几章的实验中已经安装过。

本章以南京大学北大楼的图片为原图,选取了 5 张中外名画作为风格图,分别为凡高的《星空》、蒙克的《呐喊》、阿夫列莫夫的《雨中女人》、范宽的《溪山行旅图》和黄公望的《富春山居图》。得到的效果如图 6.9 所示。本实验的环境为内存 4GB,处理器为 Intel(R) core(TM)2 E7500,CPU 主频为 2.94GHz 的 PC,迭代 1000 次,运行时间为 10.5 小时。

梵高《星空》

蒙克《呐喊》

阿夫列莫夫《雨中女人》

（a）外国名画风格迁移

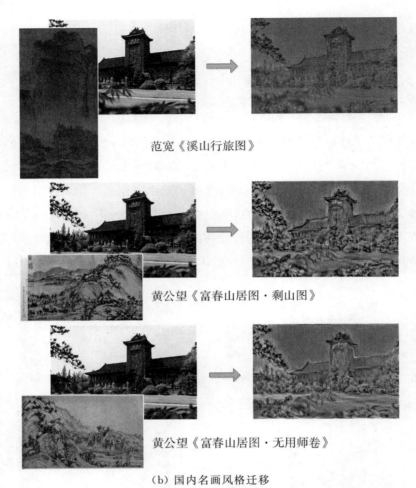

范宽《溪山行旅图》

黄公望《富春山居图·剩山图》

黄公望《富春山居图·无用师卷》

(b) 国内名画风格迁移

图 6.9 国内外名画风格迁移

6.4 本章小结

本章首先介绍强化学习的基本原理,以一个简单的九宫棋为例讲述了强化学习的基本算法:Q 学习。随后介绍了 AlphaGo 的基本架构,其赖以常胜不败的监督学习策略网络、强化学习策略网络和估值网络等组件的工作原理。最后介绍了深度学习的一个有趣应用:画风迁移,以飨读者。至此,全书结束。

🎁 参考文献

［1］ Tesauro G. Temporal difference learning and TD-Gammon［J］. Communication of the ACM. 1995，38(3)：58-68.

［2］ Sutton R S，Barto A G. Reinforcement Learning：An Introduction［M］. The MIT Press，1998.

［3］ Silver D，Huang A. Mastering the game of Go with deep neural networks and tree search［J］. Nature. 2016，529：484-489.

［4］ https：//en. wikipedia. org/wiki/Monte_Carlo_tree_search

［5］ Gatys L A，Ecker A S，Bethge M. A neural algorithm of artistic style［J］. Nature communications. 2015.

后 记

接触深度学习这个领域,是偶然的也是必然的。说是偶然的,是因为笔者所在的部门受命搭建中国搜索识图平台,纯属一个偶然事件,借此接触深度学习自然也是偶然。说是必然,是因为笔者所在的部门在公司内司职前沿技术的研发,而深度学习、人工智能在近些年非常火爆,无数技术人员投入深度学习的怀抱,本部门职责所系,必然会对深度学习技术进行跟踪研究。不论如何,总之是与深度学习结缘。

深度学习是最近几年才火起来的技术,因此,相信很多技术人员是近些年才开始关注深度学习的,之前并没有深度学习的相关基础。对于初学者来说,上手一门技术其实并非易事,往往要面对大量的文献,死磕很多复杂的公式和定理,甚至会觉得无从下手。笔者正是这些技术人员当中的一员,对于初学者的痛点还是比较了解的。记得本科的时候,某位老师说过,给初学者看的书应该由初学者来写。也正是这句话让我这个初学者有勇气写书给后来的初学者看。

受吴军博士《数学之美》等书的影响,笔者一直在想入门的书籍可否写得有趣一点。缘其初学者在接触某一全新领域的时候,往往茫茫然、惴惴然,不知所措。这时候大部头的充满公式和定理的教科书,往往会对其产生很大的压力。这也是很多初学者常常为之头痛的一件事。笔者在看完《明朝那些事儿》之后觉得,历史原来可以这么有趣,看完《数学之美》后觉得,数学其实也并不枯燥。同样,深度学习这样有用的技术,创造了那么多有趣而神奇的应用,本也不该面目可憎才对。

本书名为《深度学习:入门与实践》,故其遵循的一个宗旨就是"不求全面了解,但求快速上手"。以最通俗易懂的语言阐明原理,配以方便上手的简单实例,可能会迅速提起初学者的兴趣。读者可将此书作为学习笔记来读。本书的写作初衷是为了对深度学习技术感兴趣但是之前并无接触的技术人员入门提供些许便利。如果读者果能从本书中获益,哪怕是一点点,笔者都会甚觉欣慰。本书中涉及某些历史事件来源于互联网资料,虽然经过初步考证,但毕竟不可能绝对准确。如有谬误,欢迎指正。

关于深度学习的未来,南京大学周志华教授在 CNCC 2016 大会报告中进行了大胆预测:"深度学习可能会有冬天,但机器学习不会有冬天。"因为毕竟深度学习只是机器学习的一种技术,新技术总是不断涌现的。之所以机器学习不会有冬天,是因为人类对数据分析的需求总是存在的。

本书于 2016 年 3 月开始动笔,2017 年 3 月杀青,整整一年的时间,摞笔的时候,竟有恍如隔世之感。最后要感谢一下本书的另一位作者王永兴,还有部门的同事刘肖萌、滕辉。正是他们的辛勤劳作才有本书的最后付梓,他们都是非常优秀的技术人员。

作者

2017 年 3 月